Tanja Hollinger

Führungskräftetraining mit Pferden

Können Menschen von Tieren lernen?

igel Verlag RWS

Hollinger, Tanja: Führungskräftetraining mit Pferden. Können Menschen von Tieren lernen? Hamburg, Igel Verlag RWS 2014

Buch-ISBN: 978-3-95485-114-0
PDF-eBook-ISBN: 978-3-95485-614-5
Druck/Herstellung: Igel Verlag RWS, Hamburg, 2014

Bibliografische Information der Deutschen Nationalbibliothek:
Die Deutsche Nationalbibliothek verzeichnet diese Publikation in der Deutschen Nationalbibliografie; detaillierte bibliografische Daten sind im Internet über http://dnb.d-nb.de abrufbar.

Hermannstal 119k, 22119 Hamburg
http://www.diplomica.de, Hamburg 2014
Printed in Germany

Inhaltsverzeichnis

Abbildungsverzeichnis

1 Einleitung

Vor dem Hintergrund lebenslangen Lernens aufgrund der Komplexität unserer derzeitigen Umwelt steigt die Bedeutung von unterschiedlichsten Weiterbildungsmaßnahmen in der beruflichen Praxis, auch und vor allem für Führungskräfte, da an diese besonders hohe Anforderungen gestellt werden. Viele dieser Weiterbildungsmaßnahmen basierten in der Vergangenheit bisher auf der Weiterentwicklung von fachlichen und methodischen Fähigkeiten. Mittlerweile stehen soziale und persönliche Fähigkeiten im Vordergrund und dies aus sehr vielfältigen Gründen.

In diesem Zusammenhang entstanden in den letzten Jahren sehr unterschiedliche und vielfältige Trainingskonzepte und –maßnahmen. Auch Führungskräftetrainings mit Pferden finden zunehmende Verbreitung. Dies ist als erlebnispädagogischer Ansatz zu verstehen, wie bisher schon durch Simulationen (z.B. Plan- und Rollenspielen) oder im Rahmen von Outdoor-Trainings für Manager praktiziert und wissenschaftlich intensiv reflektiert wurde. Dagegen wurden Verfahren des Führungskräftetrainings mit Pferden wissenschaftlich noch kaum untersucht. Folgende Fragestellungen sind diesbezüglich zu klären: Können Menschen von Tieren lernen? Können Tiere einen Teil dazu beitragen, die Persönlichkeit des Menschen zu entwickeln? Können Menschen mit Hilfe von Tieren ihr Verhalten positiv verändern? Welche Einsatzmöglichkeiten von Tieren im therapeutischen Bereich sind vorstellbar?

Als Einstieg in das Thema „Kompetenzentwicklung im Rahmen von Führungskräftetrainings mit Pferden“ wird daher zunächst der theoretisch-psychologische Rahmen geschaffen sowie die Bedeutung der Pferde für die Menschen erläutert. Auf der Basis dieser theoretischen Fundierung wird eine Konzeption eines Führungskräfteprogramms mit Pferden erstellt und kritisch reflektiert. Dafür werden im Folgenden zunächst Problemstellung und Ziel sowie die konkrete Fragestellung der Untersuchung dargelegt und der Aufbau der Arbeit erläutert.

1.1 Problemstellung

Die positive Wirkung der Pferde im Bereich heilpädagogischen Reitens und Voltigierens ist schon lange bekannt und sowohl wissenschaftlich als auch medizinisch mit Studien belegt. Es finden sich zahlreiche Veröffentlichungen und Studien zu diesem Thema. Auch die positive Wirkungsweise von Delphinen im Therapiebereich ist wissenschaftlich untermauert. Pferde nehmen in diesem Zusammenhang in der beruflichen Praxis bereits eine nicht unwesentliche Rolle für die Entwicklung sozialer Kompetenzen ein, auch werden sie gezielt zur Reflexion von Verhaltensweisen, Werten und Einstellungen eingesetzt. Mittlerweile werden Trainings mit Pferden in Deutschland, Österreich und der Schweiz von geschätzten über 100 Veranstaltern angeboten (vgl. Bittelmeyer 2006, S. 54), ein Zeichen für zumindest empirische Akzeptanz und Anerkennung.

Diese Wirkungsweise basiert vorwiegend auf Erfahrungen vieler renommierter Pferdetrainer meist in Zusammenarbeit mit namhaften Wirtschaftswissenschaftlern. Oft melden sich Kritiker zu Wort, da diese soziale Wirkungsweise nur schwer wissenschaftlich und noch weniger medizinisch belegt werden kann. In Bezug auf Pferdetrainings scheint daher eine Systematik nötig, welche Komponenten der Kompetenzen mit Hilfe von Pferden trainiert und ausgebildet werden können und anhand welcher Grundlagen eine fundierte Verknüpfung zwischen praktischer Arbeit mit Pferden und theoretisch sinnvollen Anforderungen stattfinden kann. Dies wird in vorliegender Arbeit eingehend untersucht. Weiterhin ist zu untersuchen, wie solche Trainings mit Hilfe von Pferden idealerweise konzipiert sein sollten, damit alle Teilnehmer gleichermaßen Nutzen erfahren und – ein Hauptkriterium sinnvoller Trainingsmaßnahmen – die erlernten Inhalte in die Praxis transferiert werden können.

Daher wird zunächst die Zielstellung der Arbeit formuliert.

1.2 Ziel der Arbeit

Trainings mit Pferden werden derzeit insbesondere für Führungskräfte ausgearbeitet und angeboten. Dies liegt darin begründet, dass mit der Hilfe von Pferden insbesondere soziale Kompetenzen trainiert und reflektiert werden können, die in der täglichen Arbeit einer Führungskraft von hoher Bedeutung sind.

Daher werden anhand der vorliegenden Arbeit Hinweise auf die Wirksamkeit von Pferden im Bereich Kompetenzentwicklung für Führungskräfte gegeben. Zum einen werden theoretische Grundlagen der Arbeit mit Pferden gegeben und erarbeitet, weiterhin wird – basierend auf diesen theoretischen Grundlagen – ein Konzept für ein Führungskräftetraining mit Pferden erstellt, reflektiert und auch kritisch betrachtet.

1.3 Fragestellung der Arbeit

Allgemein interessieren die Fragen, welche Bedeutung Tiere für den Menschen im Therapieeinsatz haben und welche Übungen insbesondere mit Pferden helfen können, soziale und personale Kompetenzen zu erlernen.

Zusätzlich soll die Frage, geklärt werden, ob Führungskräfte, die mit Pferden respektvoll und vertrauensvoll umgehen, die gewonnenen Erkenntnisse bezüglicher sozialer Kompetenzen auch in ihren beruflichen Alltag übertragen können und gegenüber ihren Mitarbeitern Respekt und Vertrauen erreichen. Werden diese aufgrund der Arbeit und Erfahrung mit Pferden offener und sensibler für ihre Umwelt?

Die zentralen Fragestellungen der Arbeit sind, inwieweit Pferde Führungskräfte helfen können, ihr eigenes Verhalten zu reflektieren und zur Stärkung verschiedener Kompetenzen beitragen können.

1.4 Aufbau der Arbeit

Nach dieser Einführung wird dargelegt, in welchem theoretischen Kontext die vorliegende Untersuchung eingegliedert ist. Da Trainings mit Pferden speziell für Führungskräfte konzipiert werden, liegt es nahe, eingangs die Themen Führung und Führungskräftetraining theoretisch zu fundieren. Weiterhin werden Kompetenzen und deren Entwicklung beschrieben, gerade auch im Hinblick auf die speziellen Kompetenzen von Führungskräften. Da die Reflexion bei solchen Trainings einen zentralen Bestandteil darstellt und für Übungen mit Pferden ausgebildete Coaches zu Verfügung stehen müssen, wird in einem nächsten Schritt auch auf Grundlagen, Zielstellungen und Vorgehensweisen im Bereich Coaching eingegangen.

In Kapitel drei werden überdies Theorien tiergestützter Pädagogik und Psychologie erklärt und die wissenschaftlich bewiesenen positiven Wirkungsweisen von Reit-, Delphin- und Hundetherapien beschrieben. Ein weiterer Schwerpunkt der Arbeit liegt dann auf der Bedeutung der Pferde für Trainingsmethoden von Führungskräften.

Nachdem der theoretische Rahmen der Arbeit gegeben ist, wird in Kapitel vier darauf basierend eine Konzeption für Führungskräftetrainings mit Pferden erarbeitet und die eingeplanten Übungen erläutert.

Den Abschluss der Arbeit bildet eine Reflexion des Themas, eine kritische Betrachtung und ein Ausblick, in dem Anregungen für weitere Trainings behandelt werden.

2 Führungskräftetraining, Kompetenzentwicklung und Coaching

Den ersten theoretischen Rahmen dieser Arbeit bilden Aspekte von Führungskräftetraining, Kompetenzentwicklung und Coaching. Die relevanten Bereiche und Aussagen der einzelnen Themen werden im Folgenden erläutert.

2.1 Führung und Führungskräftetraining

Damit Führungskräfte den Anforderungen der Arbeitswelt gerecht werden, müssen sie in der Lage sein, sich differenziertes Fachwissen anzueignen in Verbindung mit Fähigkeiten diese differenzierten Kenntnisse interaktiv einsetzen zu können. Führungskräfte sollen ihre Mitarbeitern zum einen bei der Erreichung aufgabenbezogener Ziele unterstützen, zum anderen Ansprechpartner bei der persönlichen und fachlichen Weiterentwicklung sein.

Um die Grundlagen zu schaffen für die Konzeption eines Führungskräftetrainings mit Pferden wird zunächst der Begriff Führung definiert. Weiterhin wird auf die Bedeutung und die Methoden von Führungskräftetrainings eingegangen, Outdoor-Trainings im Zusammenhang mit Erlebnispädagogik werden in Bezug auf die spätere Konzeption gesondert betrachtet.

2.1.1 Definition von Führung

Unter der Vielzahl von Führungsdefinitionen wird dieser Arbeit die Definition von Weinert (1989) zugrunde gelegt. Er definiert Führung anhand folgender drei Aspekte:

- „Führung ist ein Gruppenphänomen (das die Interaktion zwischen zwei oder mehreren Personen einschließt);
- Führung ist intentionale Einflussnahme (wobei es wiederum Differenzen darüber gibt, wer in einer Gruppe auf wen Einfluss ausübt und wie dieser ausgeübt wird, u.a.m.);
- Führung zielt darauf ab, durch Kommunikationsprozesse Ziele zu erreichen." (Weinert 1989, S. 555)

Anhand dieser Definition wird bereits deutlich, dass Kommunikation ein wichtiges Führungsinstrument darstellt (vgl. hierzu auch Jung 2005). Auch Regnet (2003) weist daraufhin, dass Führung hauptsächlich „miteinander sprechen" bedeutet. Kommunikation dient „...zur Lösung von Sachproblemen, zur Entscheidungsfindung, zur Gestaltung der Zusammenarbeit, zur Anerkennung und Kritik." (Regnet 2003b, S. 244). Auf die Bedeutung im Zusammenhang mit Führungskräftetrainings wird im weiteren Verlauf der Arbeit noch Bezug genommen.

2.1.2 Entwicklung und Training von Führungskräften

Aufgrund der zunehmenden Globalisierung werden die Aufgaben innerhalb einer Organisation immer komplexer. Diese Komplexität stellt besondere Anforderungen an die Gestaltung, Planung, Überwachung und Steuerung der Führungsaufgaben, wodurch regelmäßige Trainingsmaßnahmen für Führungskräfte erforderlich werden.

Nach Rosenstiel (2003) sollten Trainingsmaßnahmen für Führungskräfte zielgerichtet eingesetzt werden, um folgende fünf Aspekte zu verbessern:

- „die motorischen Fertigkeiten,
- die kognitiven Kompetenzen,
- die motivationalen und volitionalen Kompetenzen,
- den Umgang mit Emotionen,
- die interpersonalen Fähigkeiten." (Rosenstiel 2003, S. 70).

Motorische Fähigkeiten im beruflichen Kontext bedeuten grundsätzlich den Umgang mit allen Werkzeugen, die als Unterstützung zur Bewältigung sämtlicher Anforderungen dienen. Eine Verbesserung motorischer Fähigkeiten könnte beispielsweise sein, die Bedienung einer speziellen Software zu vertiefen oder nützliche Features zu schulen.
Menschen in betrieblichen Organisationen, insbesondere Führungskräfte, sollten in der Lage sein, momentane und künftige Anforderungen und Aufgaben in deren Gesamtheit zu erfassen und dadurch bewältigen zu können. Dabei steht keineswegs ausschließlich das fachliche Wissen im Vordergrund, vielmehr sind auch interpersonelle Ansichten und Einstellungen von hoher Bedeutung. In diesem Zusammenhang spricht man von kognitiver Kompetenz.

Ziel von speziellen Trainingsmaßnahmen kann weiterhin sein, die motivationale und volitionale Kompetenz zu erhöhen bzw. zu verbessern, wobei Motivation und Wille nach Rosenstiel (2003) durchaus getrennt voneinander zu betrachtet sind.

Von zentraler Bedeutung für den Erfolg von Führungskräften ist überdies der Umgang mit Emotionen. Trainingsmaßnahmen können darauf abzielen, die eigenen Gefühle situativ, kontext- und umweltbezogen zu steuern, und in einem weiteren Schritt die Gefühle anderer zu beeinflussen. Da der berufliche Alltag von Führungskräften, gerade in der heutigen Zeit, in zunehmendem Maße durch menschliche Interaktionen (Umgang mit Kunden und Mitarbeitern, Mitarbeitergespräche, Bewältigung von Konfliktsituationen, etc.) und weniger durch rein fachliche Tätigkeiten bestimmt wird, können Trainingsmethoden Führungskräfte gezielt auf diese Anforderungen vorbereiten, indem interpersonale Fähigkeiten verbessert werden. (Vgl. ebd.).

Innerhalb der Umfeldanalyse ist die entscheidende Frage, die sich beim Einsatz von Trainingsmaßnahmen für Führungskräfte ergibt, was gelernt und gelehrt werden soll und welche Methoden des Trainings konkret eingesetzt werden sollen. Weiterhin sollten sich „die Trainingsinhalte (...) aus dem ergeben, was aus der Interessenlage der Organisation oder des Einzelnen erforderlich ist, wobei im günstigen Fall beides zugleich gilt.“ (Rosenstiel 2003, S. 71). Um zu erkennen welche Kompetenzen und Fertigkeiten die Führungskraft in einer Organisation benötigt, ist es notwendig, Organisationstrukturen, Arbeitsabläufe, Fähigkeiten, Qualifikationen und die Persönlichkeit der Führungskraft zu analysieren.
Jede Führungskraft hat individuelle Fähigkeiten und Qualifikationen. Unter diesen Qualifikationen befindet sich stets ein ungenütztes Potenzial, aber auch veraltetes Wissen, welches nicht mehr adäquat im Unternehmen angewandt werden kann. Sind diese Ist-Qualifikationen kleiner als die Soll-Qualifikationen, sind Weiterbildungs- und Trainingsmaßnahmen der Führungskraft erforderlich. Mit Hilfe einer systematischen Analyse des Bildungsbedarfs lassen sich konkrete Trainingsmaßnahmen mit bestimmten Lernzielen und –Inhalten ableiten. Bei der Erhebung des Bildungsbedarfs sollten stets Organisations-, Arbeits- und Personenanalysen in sinnvoller Weise kombiniert werden. (Vgl. Rosenstiel., S. 72-74).

Nach der Trainingsbedarfsanalyse sollten konkrete und präzise Lernziele formuliert werden, deren eindeutige Formulierung eine Erfolgskontrolle ermöglicht und die von Lehrenden und Lernenden gleichermaßen verstanden werden. (Vgl. Rosenstiel 2003, S. 74). Die Zielpräzisierung stellt hierbei eine Herausforderung dar, da zu einem bestimmten Zeitpunkt bereits die künftigen Anforderungen und Gegebenheiten in die Überlegungen mit einbezogen und konkretisiert werden müssen.

Bezüglich des Lernumfelds kann festgehalten werden, dass Trainingsmaßnahmen für Führungskräfte entweder unmittelbar am Arbeitsplatz, in Seminarräumen in der Organisation selbst oder an einem externen Seminarort durchgeführt werden können. (Vgl. Rosenstiel 2003, S. 75). Im Allgemeinen sind bei der Wahl des Durchführungsortes zunächst die spezifischen Rahmenbedingungen zu beachten, beispielsweise, ob benötigte methodische und didaktische Materialien vorhanden und einsetzbar sind. Nach Rosenstiel (2003) lassen sich grundsätzlich folgende Empfehlungen geben (vgl. Rosenstiel 2003, S. 75f):

Das Training sollte unmittelbar am Arbeitsplatz stattfinden, wenn die individuelle Beratung der Führungskraft im Mittelpunkt steht. Hierbei nimmt der Trainer die Rolle eines Beraters ein und analysiert zusammen mit der Führungskraft die Probleme und Herausforderungen, die dann entstehen, wenn konkret einzelnen Aufgaben am Arbeitsplatz nachgegangen wird.

Die Durchführungen in Seminarräumen in der Organisation selbst wird kritisch betrachtet, da viele Störvariablen (Unterbrechungen durch Mitarbeiter, wichtige Telefonate, unangemeldete Besuche von wichtigen Geschäftspartnern, etc.) auftreten können. Weiterhin ist ein wichtiger Zusatz der Trainings der „informelle" Bestandteil am Abend. Trainings sollten nur dann in eigenen Seminarräumen stattfinden, wenn die Disziplin der Teilnehmer gewährleistet ist und Störungen des Umfelds ausgeschlossen werden können.

Finden Trainings an externen Seminarorten statt, sollte im Vorfeld überprüft werden, ob die jeweiligen erforderlichen Rahmenbedingungen gegeben sind. Ist dies der Fall eignet sich das Lernumfeld für längere Trainingsmaßnahmen, deren Ziel es ist, die Kommunikation in bestehenden Teams oder die Einstellungen und Handlungsweisen einzelner Führungskräfte zu reflektieren und gegebenenfalls zu verändern. Hierbei ist es am sinnvollsten, die Entwicklungsmaßnahme von einem externen Trainer, eventuell in Verbindung mit einem Co-Trainer aus dem eigenen Unternehmen, durchführen zu lassen, da externe Trainer zum einen Erfahrungen aus anderen Organisationen mitbringen und schneller akzeptiert werden.

Mögliche Trainingsmethoden sind inhaltsorientierte Techniken (Vorträge, Diskussionen) und prozessorientierte Techniken (Gruppenübungen, gruppendynamische Trainings, Rollenspiele, Unternehmensplanspiele, Outdoor-Trainings, etc.). Nach Rosenstiel (2003) sind prozessorientierte Techniken insbesondere dazu geeignet, „...eigene Einstellungen oder Verhaltensweisen zu modifizieren." (Rosenstiel 2003, S. 77f).

Durch prozessorientierte Techniken können Seminarteilnehmer direktes, unmittelbares Feedback erhalten. Am Ende jedes Seminartages sollten Erfahrungen und Eindrücke der Seminarteilnehmer reflektiert und diskutiert werden.

Ein wichtiges Erfolgskriterium für Trainingsmaßnahmen ist es, zu überprüfen, ob die Trainingssituation in die Praxissituation transferiert werden kann. Der Lerntransfer ist dabei abhängig von der jeweiligen Person und den situativen Gegebenheiten.

Generell hängt das Verhalten einer Person von vier Faktoren ab (vgl. ebd. S. 79):

- individuelles Wollen,
- persönliches Können,
- soziales Dürfen und Sollen,
- situative Ermöglichung.

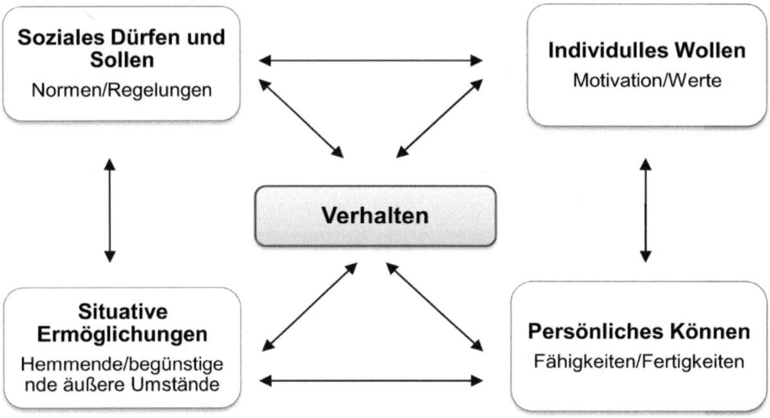

Abb. 1: Bedingungen des Verhaltens (Rosenstiel 2003, S. 79)

Im Idealfall steigern Führungskräfte durch Trainingsmaßnahmen persönliche Fähigkeiten und erlangen zusätzliche Fertigkeiten (persönliches Können). Um die erlernten Inhalte in die Praxis zu transferieren, müssen Führungskräfte zum einen entsprechende Befugnisse haben, zum anderen müssen Normen und Regelungen der Organisation die Umsetzung zulassen (Soziales Dürfen und Wollen). Zusätzlich müssen Führungskräfte motiviert sein, neue Werte zu entwickeln und Verhaltensänderungen herbeizuführen (individuelles Wollen). Erlauben die äußeren Rahmenbedingungen der Organisation die Umsetzung der neuen Maßnahmen (situative Ermöglichung), kann das Erlernte wirksam in die Praxis transferiert werden.

Die Frage, die sich nun anschließt ist, wie der Erfolg von Führungskräftetrainings operationalisiert werden kann. Rosenstiel (2003) ist der Meinung, dass es in der Praxis wenig objektive Erfolgskriterien gibt, denn „falls überhaupt Evaluation stattfindet, so handelt es sich in der Praxis meist um die Messung subjektiver Reaktionen, d.h. man fragt die Seminarteilnehmer, ob sie mit dem Seminar zufrieden waren, ob sie glauben, das Gelernte anwenden zu können." (Rosenstiel 2003, S. 82). In Anlehnung an Catalanello und Kirkpatrick (1968) gibt Rosenstiel (2003) fünf Kriterien vor, anhand derer die Evaluation von

Führungskräftetrainings gemessen werden kann. Neben der klassischen, zumeist verwendeten Erhebung subjektiver Reaktionen und der Durchführung von Tests zur Kontrolle des erreichten Wissenszuwachses könnten auch das Verhalten in Trainingssituationen beziehungsweise am Arbeitsplatz anhand eines Vorher-Nachher-Vergleichs gemessen werden. Auch generelle Daten, wie beispielsweise Umsatzzahlen, Fehlzeiten, Fluktuationsrate, etc. könnten als Kriterien dienen. (Vgl. ebd.). Gerade die so genannten „harten Fakten" sind in diesem Zusammenhang allerdings als problematisch zu werten, da zu viele andere Einflussfaktoren berücksichtigt werden müssen. Erhebt man beispielsweise Umsatzzahlen, so können Steigerungen mit einer Produktinnovation oder einer besonderen Marketing-Maßnahme in Beziehung stehen. Betrachtet man die Fluktuationsrate, so gibt es ebenfalls eine große Vielzahl an Faktoren, die diese beeinträchtigen können, beispielsweise die familiäre Situation der Arbeitnehmer oder die generelle Arbeitsmarktsituation. (Vgl. ebd.)
Diesbezüglich geben Rückle et al. (1994) einen sehr konkreten Ansatz zur Evaluation von Personalentwicklungsmaßnahmen, der ebenso auf Führungskräfte übertragen werden kann. Demnach ist es bereits während der Konzeption unerlässlich, die spätere Erfolgskontrolle zu integrieren, um eine ganzheitliche Optimierung der Maßnahme zu garantieren. Dazu eignen sich folgende Fragestellungen (vgl. Rückle et al. 1994, S. 172):

- Zieldefinition: Welche Lernerfolge sollen sich anhand der Maßnahme konkret einstellen?
- Zielerreichungsgrad: In welchem Ausmaß sollen die Lernerfolge mindestens erreicht werden?
- Zielspezifikation: Wo sollen die Maßnahmen ansetzen?
- Erfolgskontrolle:
    - Wie können die gewünschten Erfolge beobachtet werden?
    - Von wem sollen die Erfolge wahrgenommen werden?
    - Welcher Zeithorizont kann zum Eintritt der Erfolge vorgegeben werden?
    - Welcher Aufwand darf zur Erfolgskontrolle betrieben werden?

Generell erscheint es besonders wichtig, dass die Kontrolle des durchgeführten Führungskräftetrainings zeitnah erfolgt, andernfalls könnten die Folgen der Maßnahme, ähnlich wie bei den harten Fakten, durch zahlreiche andere Einflussfaktoren beeinträchtigt werden, so dass ein Rückschluss auf das Training nicht mehr sinnvoll ist. Ebenso sollten für eine optimierte Evaluation nach Rückle et al. (1994) unterschiedliche Messzeitpunkte, Informationsquellen, Datenarten und Erhebungsorte genutzt werden. (Vgl. Rückle et al. 1994, S. 172).

2.1.3 Outdoor-Trainings im Zusammenhang mit Erlebnispädagogik

Oudoor-Trainings beinhalten „ganzheitliche, handlungs- und erlebnisorientierte Seminare, bei denen die Teilnehmer als Einzelne oder als Gruppe in der Natur bestimmte Aufgaben mit Ernstcharakter lösen." (Strasmann 2006, S. 343). Obwohl die Trainings in der Natur stattfinden, sind dennoch „immer wieder auch Indoor-Elemente und –Phasen integriert." (Ebd.). Gerade die Konfrontation mit neuen und unbekannten Erlebnissen nennt Strasmann (2006) eine „zentrale Lernerfahrung": „Die Einzelnen geben sichere und vertraute Wege auf, lassen sich auf Neues ein, akzeptieren dies als Herausforderung und Chance, suchen kreativ nach effektiveren Möglichkeiten und besseren Lösungen, testen diese, verändern Sichtweisen, erweitern derart eigene Grenzen, und haben damit häufig Erfolg." (Strasmann 2006, S. 344). Aufgabenlösung und anschließende Reflexion können, solange die Nähe zu Faktoren des betrieblichen Alltags gegeben ist, dazu beitragen Führungsqualitäten zu fördern und zu entwickeln. Grundlage ist das Herausstellen von Eigenverantwortung und die Vermittlung der notwendigen Handlungskompetenz.

Der Ablauf eines Outdoor-Trainings kann an folgender Graphik verdeutlicht werden (vgl. Strasmann 2006, S. 344):

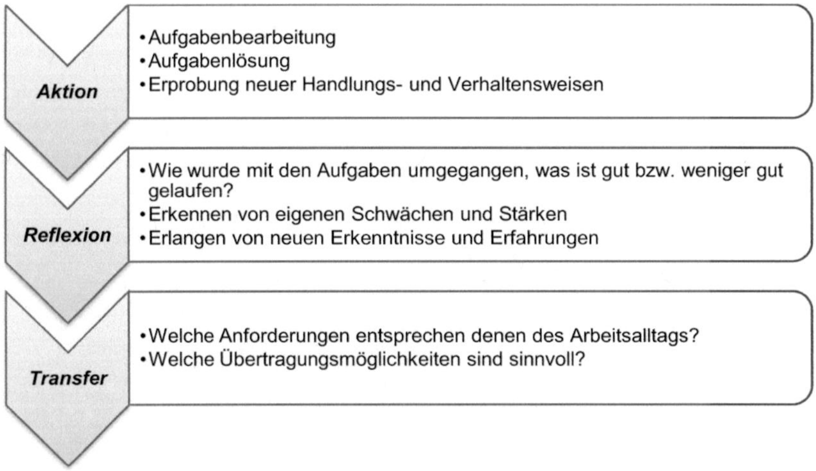

Abb. 2: Ablauf eines Outdoor-Trainings

Anhand dieser Abfolge wird deutlich, dass der Lernweg in Outdoor-Trainings entgegen dem klassischen Lernweg (Denken – Einsicht – Handeln) erfolgt. In erlebnis- und erfahrungsorientierten Outdoor-Trainings steht am Anfang zunächst die Handlung, es folgt das Nachdenken, über die Konsequenzen des eigenen Handelns und schließlich die

Überzeugung bzw. die Einsicht. (Vgl. Strasmann 2006, S. 344). Denn erst durch die Handlung, einhergehend mit einer unmittelbaren Rückmeldung, werden Erfahrungen gemacht, die Konsequenzen des eigenen Handelns erlebt und dadurch eine eventuelle Verhaltensänderung herbeigeführt.

Mit Outdoor-Trainings können im Allgemeinen folgende Ziele erreicht werden (vgl. ebd., S. 346):

- Steigerung der Team- und Kommunikationsfähigkeit,
- Motivationsanstieg,
- höhere Bereitwilligkeit, neue Wege zu gehen und Veränderungsprozesse zu akzeptieren.

Die Reflexion ist ein entscheidender Faktor von Outdoor-Trainings. Durch die einzelnen Reflexionsphasen im Anschluss an die jeweiligen Übungen kann es gelingen, eigene Fähigkeiten zu erkennen und zu hinterfragen und entsprechende Feststellungen auf Arbeitssituationen zu transferieren.

Outdoor-Trainings basieren auf den Erkenntnissen und Erfahrungen der Erlebnispädagogik, „...deren zentraler Leitgedanke ist, das eigene Handeln und Erleben zu nutzen, um die eigene Persönlichkeit und die eigenen Kompetenzen weiter zu entwickeln." (Strasmann 2006, S. 349 in Anlehnung an Heckmair und Michl). Heckmair und Michl (1994) definieren Erlebnispädagogik als eine „...handlungsorientierte Methode, in der die Elemente Natur, Erlebnis und Gemeinschaft pädagogisch zielgerichtet miteinander verbunden werden. (...) Sie trägt zur zwischenmenschlichen Begegnung und Beziehung bei, weil sie durch oft notwendige persönliche Nähe neue Sichtweisen der Fremd- und Selbstwahrnehmung eröffnet, weil bisher feste Einstellungen und Urteile ins Wanken kommen können." (Heckmair/ Michl, S. 66f). Zentraler Aspekt bei allen erlebnispädagogischen Ansätzen ist folglich das Erleben und die Erkenntnis, dass Lernen im Handeln stattfindet mit dem Ziel, soziale und persönliche Kompetenzen zu fördern. Nach Gries (2004) beinhalten erlebnispädagogische Konzepte „...die Zielsetzung, die Fähigkeit zum Erleben zu erhalten, zu wecken und zu fördern, d.h. die Individuen darin zu unterstützen, ihre eigenen Stärken und Schwächen wahrzunehmen, diese einzuschätzen und in ihre Lebenswelt und damit auch in den gesellschaftlichen Kontext zu übertragen." (Gries 2004, S. 125).

2.2 Kompetenz und Kompetenzentwicklung

Neben diesen Ausführungen zu Führung und Führungskräftetrainings stehen in dieser Arbeit Aspekte der Kompetenzentwicklung im Vordergrund. Daher werden in den folgenden Kapiteln verschiedene Definitionen und Perspektiven von Kompetenzen gegeben, im Speziellen wird dabei auf Führungskompetenzen und in diesem Zusammenhang auf die gezielte Entwicklung sozialer Kompetenzen eingegangen.

2.2.1 Kompetenzbegriff

Obgleich doch jeder zu wissen glaubt, was mit dem Begriff „Kompetenz“ gemeint ist, so lässt sich festhalten, dass man sich bisher in der Kompetenzforschung nicht auf ein einheitliches Verständnis einigen konnte. Es existieren diverse Begriffsbestimmungen und eine Vielzahl von Erklärungsansätzen. Laut Duden kommt der Ursprung des Begriffs „Kompetenz“ aus dem lateinischen *„competentia“* und bedeutet Zusammentreffen. (Vgl. www.duden-suche.de). Dies weist bereits darauf hin, dass sich der Begriff aus unterschiedlichen Komponenten zusammensetzt und diverse Fähigkeiten und Fertigkeiten des Menschen umfasst.

Zum weitergehenden Verständnis des Kompetenzbegriffes, erscheint es zunächst sinnvoll, diesen zu den benachbarten Begriffen Qualifikation und Schlüsselqualifikation abzugrenzen.

Qualifikation ist ein Erwerb von neuem Wissen und Können durch Fort- und Weiterbildung, hervorgerufen aufgrund von Technisierung und wachsender Komplexität der beruflichen Anforderungen. Qualifikationen ermöglichen zwar die Verwertung von neuen und bereits vorhandenen Kenntnissen und Fertigkeiten, dennoch ist „...eine zertifizierte Qualifikation noch kein Garant für eine kompetente Handlung.“ (Gessler 2006, S. 26). Die Halbwertszeit von Wissen, welches man sich mit einer Qualifizierung angeeignet hat, ist relativ gering, weiterhin setzen Qualifikationen die Vorhersehbarkeit der ökonomischen Verhältnisse voraus, was aufgrund einer nicht konstanten arbeitsmarktpolitischen Situation auf Dauer nicht gewährleistet werden kann. Qualifikationen dienen der Bewältigung spezifischer, meist beruflicher Tätigkeiten, orientieren sich an konkreten Anforderungen und dienen der Erfüllung konkret definierter, von außen vorgegebener Zwecke, die als fremdorganisiert gelten

Schlüsselqualifikationen haben im Vergleich zu Qualifizierungen einen größeren Abstraktionsgrad und somit weitreichendere Einsatzmöglichkeiten.

Nach Weinert (2001) beinhaltet der Begriff Kompetenz „...die bei Individuen verfügbaren oder durch sie erlernbaren kognitiven Fähigkeiten und Fertigkeiten, um bestimmte Probleme

zu lösen, sowie die damit verbundenen motivationalen, volitionalen und sozialen Bereitschaften und Fähigkeiten, um die Problemlösungen in variablen Situationen erfolgreich und verantwortungsvoll nutzen zu können." (Weinert 2001, S. 27f).
Gemäß Becker (2005) bezeichnet Kompetenz „...das Dürfen, das Wollen und das Können einer Person im Hinblick auf die Wahrnehmung einer konkreten Arbeitsaufgabe." (Becker 2005, S. 607). Anhand dieser Definitionen wird erkennbar, dass Kompetenz als Problemlösungsfähigkeit und als Ausdruck erfolgreicher Arbeitsbewältigung verstanden wird.

Erpenbeck und von Rosenstiel (2007) unterscheiden vier Kompetenzklassen (vgl. Erpenbeck/Rosenstiel 2007, S. XXIV):

- *Personale Kompetenzen*:
    - Selbstorganisiert mit sich selbst umgehen zu können;
- *Fachlich-methodische Kompetenzen:*
    - Selbstorganisiert mit Methoden und Inhalten eines Fachgebiets umgehen zu können;
- *Sozial-kommunikative Kompetenzen:*
    - Selbstorganisiert mit anderen Menschen oder Gruppen zielbewusst in Kommunikation und Kooperation zu treten;
- *Aktivitäts- und umsetzungsorientierte Kompetenzen*:
    - Selbstorganisiert Pläne und Vorhaben auch gegen innere und äußere Widerstände umzusetzen zu können.

Im Zentrum des Kompetenzbegriffs steht folglich das selbstorganisierte Handeln. Dies zeigt sich auch in der Kompetenzdefinition von Erpenbeck und Heyse (2007): „Kompetenzen sind Selbstorganisationsdispositionen des Individuums. Was wird vom Individuum selbstorganisiert? In der Regel Handlungen, deren Ergebnisse aufgrund der Komplexität des Individuums, der Situation und des Verlaufs (System, Systemumgebung, Systemdynamik) nicht oder nicht vollständig voraussagbar sind." (Erpenbeck/Heyse 2007, S. 159). Menschen sind kompetent in ihrem Handeln, wenn sie Probleme selbständig lösen können.

Die Gemeinsamkeit vieler wissenschaftlicher Kompetenzansätze besteht darin, dass Kompetenz als ein Kollektiv durchgängiger Eigenschaften des Menschen beschrieben wird, die dazu befähigen, alltäglichen und beruflichen Anforderungen gerecht zu werden, um bestimmte Ziele zu erreichen. Der Kompetenzbegriff bezieht sich folglich auf die Person und thematisiert die Selbstorganisationsfähigkeit des Menschen, dabei wird eine Vielzahl an Handlungssituationen berücksichtigt.

Demzufolge lässt sich zusammenfassend festhalten, dass das Erlernen von Kompetenzen meist eine langwährende Entwicklung darstellt, wohingegen Qualifizierung einen zeitlich begrenzten Teilprozess der Entwicklung von Kompetenzen darstellt. (Gessler 2006, S. 28). Qualifikationen spielen innerhalb des Kompetenzbegriffs eine große Rolle, da sich fachspezifische Qualifikationen zu selbstverantwortlichem Handeln entwickeln sollen.

2.2.2 Verschiedene Aspekte von Kompetenzen

Im beruflichen Alltag werden verschiedene Kompetenzfelder meist unter dem Begriff Handlungskompetenz subsumiert. In der Literatur findet man verschiedene Systematisierungen, in der traditionellen Diskussion handelt es sich dabei jedoch meist um vier Kompetenzbereiche (vgl. u.a. Gessler 2006, S. 29f):

- Fachkompetenz;
- Methodenkompetenz;
- Sozialkompetenz;
- Persönlichkeitskompetenz.

Im Folgenden sollen diese Kompetenzen näher erläutert werden, um im Verlauf dieser Arbeit Hinweise geben zu können, welche Kompetenzen mit Pferden ausgebildet werden können.

Fachkompetenz

„Fachkompetenz beinhaltet alle erforderlichen fachlichen Fähigkeiten, Fertigkeiten und Kenntnisse zur Bewältigung konkreter beruflicher Aufgaben." (Becker 2005, S. 9).
Gries (2004) spezifiziert dies, indem sie angibt, dass Fachkompetenz Allgemeinwissen, spezialisiertes Allgemeinwissen (z.B. Fremdsprachen), berufliches Wissen und Fachwissen beinhaltet, ebenso wie den erfolgreichen Umgang mit vielschichtigen und komplexen Arbeitsabläufen und das Verstehen von Wechselwirkungen.

Methodenkompetenz

Methodenkompetenz umfasst die Fähigkeit, Verfahren und Vorgehensweisen zu finden, die zur Lösung von komplexen Aufgaben und Entscheidungen beitragen. (Gries 2004, S. 30). Informationen zu beschaffen, zu strukturieren und bei Bedarf anzuwenden, ebenso wie auftretende Probleme adäquat und selbstständig zu lösen sind Fähigkeiten, welche unter dem Begriff der Methodenkompetenz zusammengefasst werden können. Nach Gries (2004) schließt die Methodenkompetenz beispielsweise analytisches, strategisches, ganzheitliches und systematisches Denken, bewusste Gestaltung von eigenen Lern- und Arbeitsprozessen, Gebrauch kreativer Arbeitstechniken und psychomotorische Fähigkeiten mit ein. (Gries 2004, S. 30). Bei dieser Begriffssammlung wird deutlich, dass Methodenkompetenz unter anderem auch Fähigkeiten im kognitiven Bereich thematisiert, die nötig sind, um selbständig neu erlernte Kenntnisse, Fähigkeiten und Methoden anzuwenden.

Sozialkompetenz

Dieser Kompetenzbegriff ist für Gries (2004) „...eine Tugend, eine Einstellung, eine innere Haltung“. Sie weist darauf hin, dass Menschen nur dann sozial kompetent handeln können, wenn sie auch den Willen dazu haben. (vgl. Gries 2004, S. 31). Weiterhin beinhaltet der Begriff die Fähigkeit, mit Mitmenschen erfolgreich zusammenzuarbeiten und verantwortungsbewusst umzugehen. Nach Bastians und Kluge (1998) sind unter sozialen Kompetenzen „...Handlungsvoraussetzungen zu verstehen, die zur Bewältigung definierter (und oftmals situationsabhängiger) Kommunikations- und Kooperationsanforderungen notwendig sind, um an gesellschaftlicher Interaktion teilnehmen zu können.“ (Bastians/Kluge 1998). Konflikt-, Team-, Kommunikations- und Kooperationsfähigkeit, aber auch Empathie, Einfühlungsvermögen und soziale Verantwortung sind einige Fähigkeiten, die den Begriff Sozialkompetenz näher beschreiben.

Persönlichkeitskompetenz

Die Persönlichkeitskompetenz umfasst nach Erpenbeck/Heyse (2007) „...die Disposition einer Person, reflexiv selbstorganisiert zu handeln, d.h. sich selbst einzuschätzen, produktive Einstellungen, Werthaltungen, Motive und Selbstbilder zu entwickeln, eigene Begabungen, Motivationen, Leistungsvorsätze zu entfalten und sich im Rahmen der Arbeit und außerhalb kreativ zu entwickeln und zu lernen.“ (Erpenbeck/Heyse 2007, S. 159 und Erpenbeck/Rosenstiel 2007, Einführung XXIV). Lernbereitschaft im Allgemeinen, die Bereitschaft zur Selbstentwicklung und die Bereitschaft zur Selbstreflexion sind daher wesentliche Bestandteile dieser Kompetenz.

Als Komponenten der personalen Kompetenz können nach Gries (2004) u.a. folgende Fähigkeiten genannt werden: Selbständigkeit, Selbstverantwortung, Selbstverwirklichung oder auch Selbstwertgefühl. (Vgl. Gries 2004, S. 43).

Nach Erpenbeck und Heyse (2007) lassen sich den einzelnen Kompetenzen folgende konkrete Teilkompetenzen zuordnen, die anhand nachfolgender Tabelle übersichtlich dargestellt werden (vgl. Erpenbeck/ Heyse 2007, S. 161):

Fachkompetenz	**Methodenkompetenz**
- Allgemeinwissen - Fachwissen - Organisatorische Fähigkeiten - Betriebswirtschaftliche Fähigkeiten - EDV-Wissen - Fachliche Fähigkeiten - Markt-know-how - Sprachkenntnisse - Unternehmerisches Denken und Handeln	- Analytisches Denken - Konzeptionelle Fähigkeiten - Strukturierendes Denken - Zusammenhänge und Wechselwirkungen erkennen - Ganzheitliches Denkvermögen - Gefühl für künftige Entwicklungen - Kreativität und Innovationsfähigkeit
Soziale Kompetenz	**Personale Kompetenz**
- Teamfähigkeit - Einfühlungsvermögen - Kommunikationsfähigkeit - Kooperationsbereitschaft - Konfliktlösungsbereitschaft - Partnerzentrierte Interaktion - Konsensfähigkeit - Verständnisbereitschaft	- Bereitschaft zur Selbstentwicklung - Selbstreflexionsbereitschaft - Leistungsbereitschaft - Lernbereitschaft - Offenheit - Risikobereitschaft - Belastbarkeit - Glaubwürdigkeit - Emotionalität - Flexibilität

Abb. 3: Teilkompetenzen (Erpenbeck/ Heyse 2007, S.161)

2.2.3 Führungskompetenzen

Hervorgerufen durch immer stärkere Anforderungen im Unternehmen müssen Führungskräfte, um ihre Mitarbeiter zielorientiert und erfolgreich zu führen, einen kontinuierlichen Lernprozess durchlaufen, sich fortlaufend individuell weiterentwickeln und Handlungssouveränität zeigen. Im Gegensatz zu reinem Qualifikationsdenken erscheint Kompetenzentwicklung in diesem Zusammenhang sehr wichtig, da sie eine effektivere und nachhaltigere Maßnahme darstellt, die Führungskultur zu verbessern.

Nach Simon und Donaubauer (2007) wird Führungskompetenz als „...Selbstorganisationsdisposition zum Führungshandeln verstanden, als subjektzentrierte Fähigkeit, die effektivitätsbestimmenden Anforderungen als Führungsperson einer Arbeitsgruppe erfüllen zu können.“ (Simon/Donaubauer 2007, S. 274). Becker (2005) stellt an Führungskräfte Anforderungen hinsichtlich folgender Merkmale (vgl. Becker 2005, S. 213):

Persönlichkeitsmerkmale	Urteilsvermögen; Kreativität; Engagement; Integrität; persönliche Ausstrahlung; Belastbarkeit; etc.
Funktionale Kompetenz	Aufgabenbezogenes Funktionswissen/-können; fachübergreifende Kenntnisse; Internationalität; Problemlösungsfähigkeit; Initiative; Entscheidungsfähigkeit; etc.
Soziale Kompetenz	Kommunikationsfähigkeit; Kooperationsfähigkeit; Fähigkeit, Identifikationen zu schaffen; Konfliktbewältigung; etc.
Emotionale Kompetenz	Motivationsfähigkeit; Menschenkenntnis; Selbstregulierung; Empathie; etc.
Führungskompetenz	Führungsverantwortung; Führungsverhalten; Überzeugungskraft/ Durchsetzungsvermögen; etc.
Strategische Kompetenz	Ganzheitliches Denken und Handeln; Fähigkeiten zur Vision; unternehmerisches Umgehen mit Chancen und Risiken; etc.

Abb. 4: Anforderungsmerkmale an Führungskräfte (Becker 2005, S. 213)

Durch das Zusammenwirken der einzelnen Merkmale können Führungskräfte den steigenden Anforderungen gerecht werden. Führungskompetenz verstanden als Führungsverantwortung, Führungsverhalten, Überzeugungskraft und Durchsetzungsvermögen wird dabei als Teilkompetenz eines gesamten Anforderungskataloges gesehen.

Einer empirischen Analyse von Hofmann (2000) zufolge, in der 335 Führungskräfte befragt wurden, welche Auswahlkriterien sie für Führungskräfte als besonders zukunftsrelevant erachten, wurden von 28 möglichen Anforderungen im Vergleich sechs als außerordentlich bedeutend angesehen (vgl. Regnet 2003a, S. 59):

- Menschenkenntnisse;
- Teamfähigkeit;
- Organisationsfähigkeit;
- Fähigkeit andere zu motivieren;
- Lernfähigkeit;
- Kommunikationsfähigkeit;

Die folgenden Ausführungen beschränken sich dabei auf die Aspekte Motivations- und Kommunikationsfähigkeit, da hierzu im weiteren Verlauf der Arbeit im Zusammenhang mit Führungskräftetrainings mit Pferden Bezug genommen werden kann.

- *Fähigkeit andere zu motivieren:*

Die Motivation von Mitarbeitern ist langfristig nicht mit Druck möglich, bedeutender ist vielmehr „...die Überzeugungskraft der Führenden, ihr Vorbild, der Übereinstimmungsgrad zwischen Reden und Handeln." (Regnet 2003, S. 57).

- *Kommunikationsfähigkeit:*

„Die Führungskraft der Zukunft befiehlt nicht mehr, sondern ist eine Persönlichkeit, die die Mitarbeiter durch kommunikative Kompetenz sowie eigenes Vorbild motivieren und begeistern kann." (ebd., S. 63). Kommunikation ist dabei nicht nur ein formeller Akt im Sinne von Informationsweitergabe und Fachgesprächen, sie ist darüber hinaus auch informell zu sehen, im Hinblick auf Betriebsklima und Arbeitsatmosphäre. Feedback und Konfliktmanagement spielen dabei eine große Rolle. (Vgl. ebd.).

Abschließend kann anhand der Ausführungen zusammengefasst werden, dass – nicht zuletzt aufgrund des stetigen Wandels der Gesellschaft – in Zukunft bei Führungskräften insbesondere soziale und persönliche Kompetenzen verstärkt gefordert werden. Besonders die Aspekte Überzeugungskraft, Durchsetzungsvermögen, Kommunikations-, Motivations- und Problemlösungsfähigkeit erscheinen dabei in diversen theoretischen Überlegungen wichtige Eigenschaften einer Führungskraft zu sein.

2.2.4 Kompetenzentwicklung

Becker (2005) definiert Kompetenzentwicklung als ein „...Mittel zur Erreichung von Handlungszwecken durch kompetentes Handeln..." (Becker 2005, S. 607). Nach Bergmann ist Kompetenzentwicklung eine „Befähigung zur Selbstorganisation" (Bergmann, S. 3) und daher vergleichbar mit klassischem Management. Dieses soll Menschen innerhalb einer Organisation ermöglichen, ihre Fähigkeiten und Fertigkeiten einzubringen, um den bestmöglichen Nutzen zu erreichen. (Vgl. hierzu Picot et al. 2002).

Im Rahmen des Forschungs- und Entwicklungsprogramms „Lernkultur Kompetenzentwicklung" widmeten sich die Autoren Bergmann, Daub und Meurer (2006) unter anderem der Frage, ob Kompetenzentwicklung überhaupt direkt möglich ist. (vgl. Bergmann et al. 2006, S. 53f). Mithilfe eines Feldexperiments wurden dabei Formen des Lernens und Formen der Kompetenzentwicklung empirisch beobachtet und analysiert, individuelle Empfindungen und Vorstellungen der Teilnehmer wurden untersucht. Aufgrund dieser empirischen Beobachtungen ermittelten die oben genannten Autoren Rahmenbedingungen, welche die Kompetenzentwicklung fördern: „Kompetenz entwickelt sich besonders gut in angstfreien Umgebungen, wo vielfältige Möglichkeiten des Lernens geboten werden, Routinen irritiert und bewusst Störungen initiiert werden. Besonders das praktische Erleben, Experimentieren und Ausprobieren dient dem effektiven Kompetenzerwerb...". (Bergmann et al. 2006, S. 54). Weiterhin kamen sie zu dem Ergebnis, dass Menschen meist eigenständig diejenigen Lernangebote auf- und annehmen, die sie persönlich als neuartig, wichtig und für die individuelle Situation als passend und hilfreich einordnen. Eine bestmögliche Umgebung für Kompetenzentwicklung ist der Studie zufolge dann gegeben, wenn stets ein „Wechsel von Impuls, Erprobung und Reflexion" (Bergmann et al. 2006, S. 54). stattfinden kann und auftretende Angstzustände und Bedenken durch unmittelbares Coaching abgeschwächt werden. Die Ergebnisse der oben genannter Studie besagen zusammenfassend, dass Kompetenzentwicklung durchaus direkt und auch effektiv möglich ist, solange ein „Rahmen zur Selbstentdeckung und –erprobung" (Kompetenzentwicklung verstanden als „Kompetenzentdeckungsform") geschaffen wird und dieser mit Hilfe einer fortlaufenden Kommunikation mit dem Lernenden weiter ausgebildet wird. (Vgl. Bergmann et al. 2006, S.54).

2.2.5 Gezielte Kompetenzentwicklung: soziale Kompetenz

Bisher wurde der Begriff Kompetenz abgegrenzt und es wurden die Komponenten der verschiedenen Kompetenzfelder beschrieben. Nach einem Überblick über spezielle Anforderungen an Kompetenzen einer Führungskraft werden im Folgenden besondere Aspekte sozialer Kompetenz nochmals herausgestellt, da sich im weiteren Verlauf der Arbeit zeigen wird, dass im Umgang mit Pferden vor allem diese gefördert werden können.
Im Rahmen eines Projekts zur „Entwicklung eines multimedialen Diagnosesystems zur Erfassung sozialer Kompetenzen" definieren Bastians und Kluge (1998) als Teil der sozialen Kompetenzen folgende Fähigkeiten (vgl. Bastians/Kluge 1998):

- Soziale Wahrnehmungskompetenzen,
- Eigenes Selbst- und Stimmungsmanagement,
- Aktive Rolle,
- Kommunikationsfähigkeit,
- Konflikt- und Kritikfähigkeit,
- Beziehungsmanagement,
- Teamkompetenzen und
- Führungskompetenzen.

Soziale Wahrnehmungskompetenzen umfassen gemäß den Autoren „...die Fähigkeit, Situationen und Personen bezogen auf das persönliche Ziel angemessen wahrzunehmen und relevante Signale korrekt zu interpretieren." (Bastians/Kluge 1998). Darunter versteht man Erkenntnis und Wahrnehmung aller situativ relevanten Hinweise unter Einbezug der jeweils beteiligten Personen. (Vgl. ebd.).

Eigenes Selbst- und Stimmungsmanagement beschreibt „...die Fähigkeit eigene Stimmungen und Emotionen wahrzunehmen, steuern und ggf. situationsangemessen ausdrücken zu können", d.h. eigene Ansichten reflektieren zu können und negative Gemütszustände nicht auf andere Situationen zu übertragen. (Vgl. ebd.).
Die aktive Rolle bezeichnet „...die Fähigkeit, von sich aus die Initiative zu ergreifen und eigene Meinungen und Interessen anderen gegenüber aktiv durchsetzen zu können." Hier liegen die Schwerpunkte insbesondere auf der Äußerung und Durchsetzung eigener Meinungen, Wünsche und Interessen, sowie auf aktiver, gegebenenfalls selektiver Partizipation. (Vgl. ebd.).

Kommunikationsfähigkeit wird definiert als die „Fähigkeit, sich auf verbaler und nonverbaler Ebene verständlich ausdrücken zu können und Signale angemessen zu interpretieren.“ Dies umfasst unter anderem, die Fähigkeit, die eigene Körpersprache angemessen einzusetzen, aktiv zuzuhören und Gespräche sowohl auf der Inhalts- als auch auf der Beziehungsebene betrachten zu können. (Vgl. ebd.).

Konflikt- und Kritikfähigkeit bedeutet „situationsangemessen mit Konflikten umzugehen sowie Kritik äußern und annehmen zu können.“ Die Wahrnehmung, Einschätzung und Lösung des Konflikts ist dabei ebenso wichtig wie das Eingestehen eventueller Fehler. (Vgl. ebd.).

Beziehungsmanagement ist die „...Fähigkeit, soziale Kontakte zu anderen aufzunehmen, aufrechtzuerhalten und gegebenenfalls zu vertiefen bzw. abzubrechen.“ Über das eigene Gefühlsleben offen zu sprechen, Gefühle anderer wahrzunehmen und andere Meinungen und Gefühle zu tolerieren sind zentrale Aspekte dieser Fähigkeit. (Vgl.ebd.).

„Teamkompetenzen bezeichnen die Fähigkeit, aufgaben- und zielorientiert mit den Mitgliedern der Gruppe zu kooperieren. Das heißt auch, Prozesse in einem Team zu steuern und voranzutreiben.“ Zielorientierter Informationsaustausch, gegenseitige Koordination und Abstimmung, Darstellung der Ergebnisse als Teamleistung sowie die Integration neuer und bestehender Mitglieder in Teams sind wesentliche Komponenten der Teamkompetenz. (Vgl. ebd.).

Führungskompetenzen charakterisieren Bastians und Kluge (1998) folgendermaßen: „Führungskompetenzen bezeichnen Kompetenzen sowohl im Umgang mit einzelnen Mitarbeitern als auch in der Interaktion mit Gruppen. Die einzelnen Mitarbeiterinnen oder Mitarbeiter müssen ihren Fähigkeiten und Fertigkeiten sowie ihrem Bedürfnisstand entsprechend konstruktiv angeleitet und betreut werden. In Gruppensituationen bezeichnen Führungskompetenzen die Fähigkeit, Gruppen konstruktiv und produktiv anzuleiten und zu betreuen und das Teamklima und die Teamdynamik zu verbessern.“ Führungskompetenz umfasst zum einen die Fähigkeit, verantwortungsbewusst zu handeln, Entscheidungen zu treffen und zu tragen, konstruktives Feedback zu geben, klare Absprachen zu treffen, Aufgaben zu delegieren sowie Kommunikationsprozesse im Team zu stärken und Fähigkeiten der Mitarbeiter zu erkennen und zu fördern. (Vgl. ebd.).

2.3 Coaching

„Die Anlässe für eine Coaching-Beratung (im weiteren Sinne) umfassen nahezu alle denkbaren Problemfelder im persönlichen und/oder betrieblichen Bereich." (Mentzel 2005, S. 163). Im Folgenden wird erläutert, warum Coaching auch im Rahmen von Führungskräftetrainings mit Pferden nötig und sinnvoll erscheint. Nach der Begriffsbestimmung werden Anlässe und Formen von Coaching erläutert, die Phasen eines Coaching-Prozessen und die Anforderungen an einen Coach beschrieben. Auch die Bedeutung von Coaching im Zusammenhang gezielter Kompetenzentwicklung wird aufgezeigt.

2.3.1 Definition, Anlässe und Formen von Coaching

Der Begriff Coaching wird in der heutigen Zeit sehr häufig und oft leichtfertig verwendet, daher ist es erforderlich eine klare Definition des Begriffes herauszuarbeiten.
Becker (2005) versteht unter Coaching, „...die Unterstützung von Mitarbeitern und Führungskräften (Coachee) durch psychologisch geschulte Berater (Coach) in individuellen und kollektiven Krisensituationen." (Becker 2005, S. 405). Coaching kann dabei als „Hilfe zur Selbsthilfe bei fachlichen und persönlichen Problemen" (ebd.) verstanden werden. Der Coach sollte dem Coachee demnach eine Hilfestellung vorgeben, wie Aufgaben und Probleme eigenständig und effektiv gelöst werden können. Wichtig erscheint, dass der Coach lediglich die Verantwortung für die Gestaltung des Coachingprozesses übernimmt, nicht aber die Verantwortung dafür, dass der Coachee auch effektiv versucht seine Probleme zu lösen. (Vgl. Radatz 2006, S. 16). Eine Aufgabe des Coach besteht darin, durch gezielte Gesprächsführung und Fragestellung, die Wahrscheinlichkeit von Veränderungsprozessen zu erhöhen. Zentraler Aspekt innerhalb des Coachings ist folglich die Kommunikation (vgl. Becker 2005, S. 405), Gesprächsinhalte- und anlässe können u.a. sein:

- „Vorbereitung auf eine Führungsaufgabe;
- Themen im Zusammenhang mit der Führungsrolle und dem individuellen Führungsstil;
- Positionierung in einem neuen Umfeld innerhalb des Unternehmens;
- Bewältigung von Krisen;
- Umgang mit Stress;
- Flexibilisierung der eigenen Bewältigungsstrategie." (Vössing 2005, S. 19).

Zusammenfassend kommt Coaching immer dann zum Einsatz, wenn eigene Verhaltensrepertoires nicht mehr genügen, existierende oder zu erwartende Situationen, Aufgaben und Probleme zu bewältigen. (vgl. Mentzel 2005, S. 163).

Als Ziele des Coachings nennt Becker (2005) „...die persönlichen Stärken und Schwächen, die Erfolgspotenziale und die besondere Arbeitsweise des Coachee aus dem Unterbewusstsein ins Bewusstsein zu bringen." (Becker 2005, S. 405). Maximierung von Stärken, Minimierung von Schwächen, Förderung der eigenen Entwicklung, Optimierung der Verhaltensweisen in spezifischen Situationen oder Erreichen von Zielvereinbarungen sind weiter wichtige Ziele des Coachings. (Vgl. Mentzel 2005, S. 162). Eine Vertrauensbasis zwischen Coach und Coachee ist dabei ebenso Voraussetzung wie die Bereitschaft des Coachee zur Verhaltensänderung und -reflexion. (Vgl. Becker 2005, S. 405).

Wird Coaching angewandt sollte außerdem darauf geachtet werden, dass der gesamte Prozess folgende Eigenschaften voraussetzt:

- Freiwilligkeit,
- Veränderungsbereitschaft,
- Bereitschaft zur aktiven Mitarbeit und zeitlichen Aufwand,
- Selbstregulationsfähigkeit/Wohlbefinden,
- Problembewusstsein,
- Bereitschaft, Emotionen zuzulassen,
- Verantwortungsübernahme. (Vgl. Heß/ Roth 2001, S. 141).

Coaching kann entweder als Einzelcoaching, Gruppen-Coaching oder System-Coaching stattfinden, wobei individuelles Coaching die häufigste Art in der beruflichen Praxis darstellt. (Vgl. Mentzel 2005, S. 162).

2.3.2 Idealtypischer Ablauf und Phasen eines Coaching-Prozesses

Der Coaching-Prozess sollte nach den Phasen Problemwahrnehmung, Problemanalyse, Lösungsversuche, Umsetzung und Evaluierung erfolgen. (Vgl. Becker 2005, S. 408).

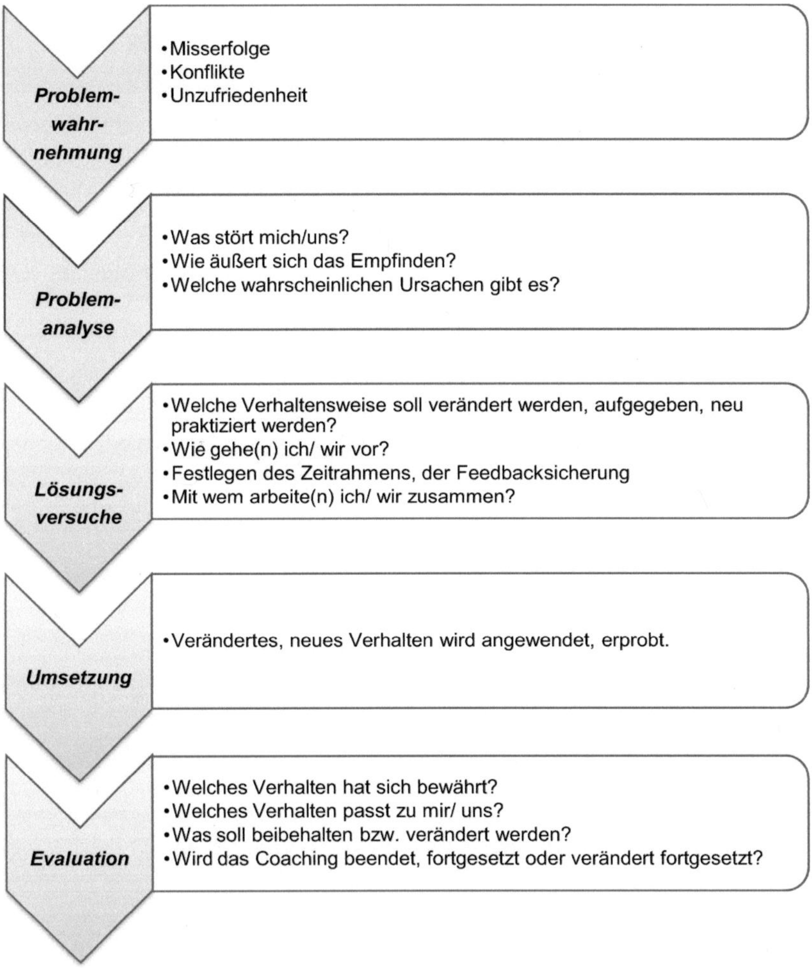

Abb. 5: Der Coachingprozess (vgl. Becker 2005, S. 408)

Zu Beginn wird die Situation einzelner Personen oder gesamter Gruppen analysiert und deren Probleme anhand von Misserfolgen, Konflikten und Unzufriedenheit wahrgenommen. Nach dieser Situationsanalyse klärt der Coach zusammen mit seinen Coachee in Gesprächsrunden die wahrgenommen Probleme und Sorgen. Dabei sollen Störfaktoren, Empfindungen und deren Ursachen besprochen werden. Daran anschließend erfolgt die Lösungssuche. Dabei werden Zielvereinbarungen getroffen, Vorgehensweisen, Zeitrahmen und Feedbacksicherung festgelegt und eventuelle Mitarbeiter innerhalb des Coachingprozesses bestimmt. Wichtig ist, die Ziele als operationale Teilziele zu formulieren, denn „nur Schritt für Schritt lassen sich emotionale Stabilität, ein wirksames Handlungsrepertoire und daraus aufgaben- und beziehungsorientierte Erfolge erzielen." (Becker 2005, S. 408). In der Umsetzungsphase wird verändertes, neues Verhalten angewendet und erprobt. Den Abschluss des Coaching-Prozesses stellt die Evaluierung der umgesetzten Verhaltensweisen dar. Dabei werden die verschiedenen Verhaltensweisen reflektiert, inwiefern sie nützlich und passend waren und dementsprechend bewahrt bzw. geändert werden sollten. Zudem wird die Frage geklärt, ob das Coaching abgeschlossen ist oder weitere Maßnahmen ergriffen werden sollen.

2.3.3 Spezifische Qualifikationen eines Coach

An das Kompetenzprofil eines Coach werden aufgrund der verschiedensten Coaching-Aufgaben und deren teils hoher Komplexität sehr hohe Anforderungen gestellt. Nach Vössing (2005) sind für einen professionellen Coach folgende vier Kompetenzen von großer Bedeutung (vgl. Vössing 2005, S. 24):

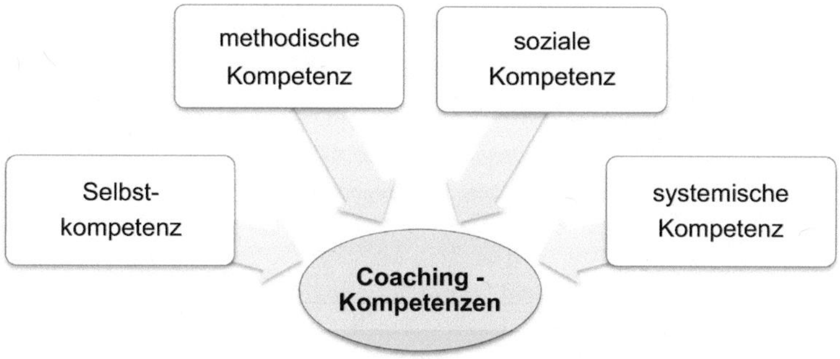

Abb. 6: Coaching-Kompetenzen (vgl. Vössing 2005, S. 24)

In Anlehnung an Punkt 2.2 können die Komponenten der verschiedenen Kompetenzen speziell auf die Anforderungen an einen Coach übertragen werden. Im Rahmen persönlicher Kompetenz (hier Selbstkompetenz) sollte der Coach zusätzlich die Fähigkeit besitzen, spezifische Situationen aus unterschiedlichen Perspektiven zu betrachten, um gezielt Fragen aus unterschiedlichen Wahrnehmungspositionen stellen zu können. Folgende Positionen kann der Coach dabei einnehmen:

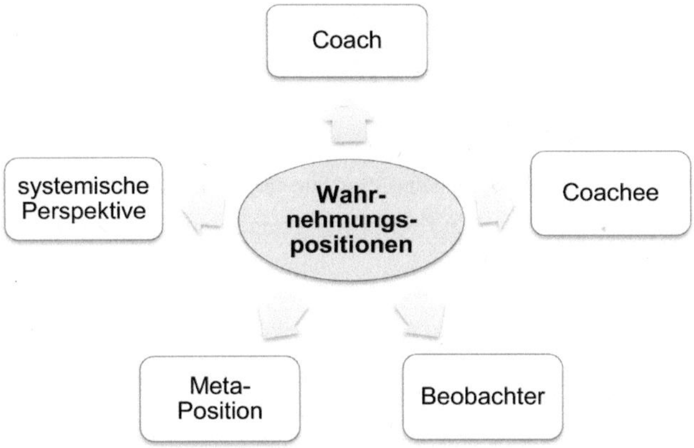

Abb. 7: Unterschiedliche Wahrnehmungspositionen im Coaching (vgl. Vössing 2005, S. 26)

Der Coach sollte Situationen nicht nur aus eigener Perspektive wahrnehmen und betrachten sondern sich auch zeitweise in die Rolle des Coachee hineinversetzen. Auch die Rolle des neutralen Beobachters ist von zentraler Bedeutung. Aus dieser Perspektive kann der Coach reflektieren und wahrnehmen wie sein Verhalten und das des Coachee sich gegenseitig bedingen und beeinflussen. Die Meta-Position einzunehmen ist sinnvoll, damit sich der Coach Fragen über sein eigenes Interaktionsverhalten stellen und seine Position reflektieren kann. Die Systemische Perspektive kann letztlich auch von hoher Bedeutung sein. Gemeint ist eine ergänzende Perspektive, die in Beziehung zu dem Coachee steht, wie beispielsweise eine andere Abteilung der Organisation (vgl. ebd., S. 24-27).

Leitfragen zur Reflexion dieser verschiedenen Perspektiven können sein:

- „Wie wirkt das Verhalten des Coachee auf mich? Woran erinnert mich diese Situation?
- Was empfindet der Coachee und wie geht es ihm? Wie würde es mir an seiner Stelle mit diesem Thema oder Problem gehen?
- Wie wirken die beiden Personen auf den Beobachter?
- Welche Erwartungen habe ich an mich selbst in dieser Situation?
- Wie sieht diese Person die Situation?“ (ebd., S. 25f).

Der Coach sollte weiterhin über Methodenkompetenz verfügen, er sollte „methodisch sicher“ sein „und über ein breites Repertoire an Interventionstechniken verfügen.“ (ebd, S. 27)
Im Bereich sozialer Kompetenz kommt vor allem der Kommunikationsfähigkeit besondere Bedeutung zu, da Gespräche zentrale Bestandteile eines Coaching-Prozesses sind. Weiterhin ist soziale Kompetenz die Grundlage „...um sich im Coaching auf sehr unterschiedliche Personen mit sehr unterschiedlichen Bedürfnissen und Potenzialen einstellen zu können.“ (ebd., S. 28).
Überdies sollte der Coach auch Eigenschaften aufweisen, die der Systemischen Kompetenz zuzuordnen sind: „Über Systemische Kompetenz zu verfügen bedeutet, mit dem Coachee das Ganze oder Teilsysteme in den Blick zu nehmen und diese Erkenntnisse in den Coaching-Prozess einzubeziehen.“ (ebd., S. 28).

2.3.4 Persönlichkeits- und Kompetenzentwicklung durch Coaching

Kompetenz verstanden als Selbstorganisationsdisposition soll den Menschen dazu befähigen, ausgehend von seinem Wissensstand, unbekannten und komplexen alltäglichen und beruflichen Anforderungen gerecht zu werden. (Vgl. Punkt 2.2.1). Coaching kann im Rahmen der Kompetenzentwicklung einen wertvollen Beitrag leisten und dadurch auch zur Persönlichkeitsentwicklung beitragen.
Ziel des Coaching, vor allem mit gezielter Gesprächsführung, ist es, die Handlungsmöglichkeiten des Coachee zu steigern. „Im Gespräch werden die persönlichen Gedanken, Wertvorstellungen und Verhaltensweisen der beratenden Mitarbeiter reflektiert, mit dem Ziel ein realistisches Selbstbild zu erhalten. Die Handlungskompetenz und das Verhaltensrepertoire werden verbessert und damit die Zufriedenheit erhöht.“ (Mentzel 2005, S. 163)

Coaching liefert dabei keine fertigen Lösungsansätze, sondern unterstützt den Coachee lediglich Lösungswege zu finden und Probleme selbständig zu bewältigen. Coaching setzt dabei stets an bestehenden Kompetenzen des Coachee an. Durch Coaching werden die eigenen Stärken und Schwächen besser wahrgenommen und die Eigenverantwortung gestärkt. Dabei führt die kontinuierliche Selbstreflexion zu einer Verringerung von Fehlleistungen, zu einer Steigerung der persönlichen Leistungsfähigkeit und letztendlich durch das eigenständige Lösen von Problemen zu einer Steigerung des Selbstwertgefühls und des Selbstbewusstseins.

3 Psychologische Grundlagen der Erlebnispädagogik mit Pferden

Den zweiten theoretischen Rahmen bilden psychologische Grundlagen der Erlebnispädagogik mit Pferden. Anhand wissenschaftlicher Erkenntnisse und psychologischer Grundlagen im Bereich tiergestützter Interventionen wird dabei deren Bedeutung in verschiedenen Praxisfeldern herausgestellt. Die Bedeutung der Mensch-Tier-Beziehung, vor allem anhand von Kommunikation, basierend auf den Theorien von Watzlawick, und Feedback, werden im Folgenden erläutert.

3.1 Tiere als Therapieunterstützung

Es gibt verschiedene Therapiemöglichkeiten für psychische und physische Erkrankungen bei Menschen. Im Allgemeinen bedeuten Therapien „Interventionen, Eingriffe in das Leben eines Menschen, um sein Funktionieren in irgendeiner Art und Weise zu verändern“ (Zimbardo/ Gerring 2004, S. 705). Es handelt sich dabei stets um individuelles Lernen, „...welches sich im Zusammenhang mit einer Strukturierung von Aneignungsprozessen vollzieht, mit dem Ziel die eigene Lebensqualität zu steigern.“ (Förster 2005, S. 26).
Inwieweit Tiere bei therapeutischen Handlungen unterstützend wirken können, wird im Nachfolgenden untersucht.

3.1.1 Tiergestützte Interventionen

Seit langer Zeit ist bekannt, dass Tiere das menschliche Wohlbefinden sehr positiv beeinflussen können. (Vgl. Greifenhagen et al. 2007, S.13 f.). Seit 1970 erfuhren Praxisprojekte und wissenschaftliche Studien zu diesem Thema einen großen Bedeutungszuwachs, es bildeten sich zahlreiche Vereine und Organisationen, die sich mit diesem neuen Wissenschaftszweig bis heute beschäftigen. (Vgl. Vernooij et al. 2008, S. 27).

1977 wurde in den USA die Stiftung Delta Society gegründet. Die von der Organisation verfolgten Ziele werden wie folgt zusammengefasst:

- “Expand awareness of the positive effects animals can have on human health and development;
- Remove barriers that prevent involvement of animals in everyday life;

- Expand the therapeutic and service role of animals in human health, service, and education." (www.deltasociety.org/AboutAboutMission.htm#history)

Delta Society, inzwischen die weltweit größte Stiftung zur Gesundheitsförderung mit Tieren, liefert wichtige Beiträge zur wissenschaftlichen Erforschung der Mensch-Tier-Beziehung. Ihr kommt eine entscheidende Rolle in der praktischen Umsetzung der gewonnen Erkenntnisse zu, sie beschäftigt sich mit der Ausbildung von Tieren und Tierhalter und unterteilt Einsatzmöglichkeiten von Tieren in Kategorien mit entsprechend rahmengebenden Richtlinien.

Zwischen 1977 und 1990 wurden weitere nationale und internationale Institutionen gegründet, die sich zum Ziel setzten, die Mensch-Tier Beziehung zu erforschen und die Ergebnisse mithilfe von Studien und Vorträgen öffentlich zu machen. Im Folgenden werden einige wichtige Einrichtungen genannt:

- Institut für interdisziplinäre Erforschung der Mensch-Tier-Beziehung, (vgl. hierzu www.iemt.ch)[1];
- Society for Companion Animal Studies, (vgl. hierzu www.scas.org.uk)[2];
- Tiere helfen Menschen e.V., (vgl. hierzu www.thmev.de)[3];
- Forschungskreis Heimtiere in der Gesellschaft, (vgl. hierzu www.mensch-heimtier.de)[4];
- International Association of Human-Animal-Interaction-Organisations, (vgl. hierzu www.iahaio.org)[5];

---

[1] Das IEMT wurde 1977 von Prof. Dr. Konrad Lorenz in Österreich gegründet, seit 1990 hat das Institut einen weiteren Sitz in der Schweiz unter der Leitung von PD Dr. Dennis von Turner. Das IEMT befasst sich hauptsächlich mit der Mensch-Tier-Beziehung, Schwerpunkte sind u.a. Ethologische Beobachtungen der Interaktion zwischen Mensch und Heimtieren, Richtlinien zur Haltung und Pflege von Heimtieren, Lehrprogramme für Schulen, Erforschung des Zusammenhangs zwischen Heimtierhaltung und Gesundheitszustand der Heimbewohner.

[2] SCAS wurde 1979 in Schottland gegründet, seit 1981 Sitz in England. Enge Zusammenarbeit mit „Blue Cross"

[3] Tiere helfen Menschen e.V. wurde 1987 gegründet. Der Verein versucht vor allem mit Besuchsprogrammen in sozialen Einrichtungen und tiergestützten Aktivitäten die gesundheitlichen Auswirkungen von Tieren auf Menschen zu fördern. Der Verein stellt eine bundesweite Liste von Heimen zur Verfügung, die Tierbesuche oder eigene Tierhaltung erlauben.

[4] Der Forschungskreis wurde 1988 unter Vorsitz von Prof. Dr. Reinhold Bergler vom psychologischen Institut Bonn gegründet und wird von renommierten Wissenschaftlern unterstützt. Der Forschungsschwerpunkt liegt auf den sozialen Beziehungen zwischen Mensch und Heimtier.

[5] Der Verein wurde 1990 gegründet und hat seinen Sitz bei der Delta Society in den USA. Dachverband für alle nationalen Institutionen, die sich mit der Erforschung der Mensch-Tier-Beziehung beschäftigen. Hauptaufgaben sind die Mitgliedsorganisationen untereinander zu koordinieren und einen stetigen Wissensaustausch wissenschaftlicher Erkenntnisse zu fördern.

Weiterhin finden sich zahlreiche zeitnah gegründete Vereine und Organisationen, die sich ausschließlich mit praktischen Anwendungsmöglichkeiten beschäftigen. Im April 2000 wurde beispielsweise der Verein M.U.T e.V. gegründet, der durch therapeutischen Umgang mit Tieren versucht, Menschen mit psychischen oder physischen Erkrankungen zu helfen. (vgl. http://www.mut-ev.org/). Überdies finden zahlreiche Tagungen zu diesem Thema statt. Beispielsweise fand vom 17. bis 19. Mai 2007 an der Humboldt-Universität in Berlin in Zusammenarbeit mit der Institution IEMT der Kongress „Mensch und Tier. Tiere in Prävention und Therapie" statt. Namhafte Referenten präsentierten und diskutierten basierend auf aktuellen Forschungsergebnissen aus Human- und Veterinärmedizin, Psychologie und Pädagogik das vorgegebene Thema des Kongresses (vgl. hierzu http://www.mensch-tier-kongress-2007.de).
An der Vielfalt der Institutionen, sowie an den umfassenden Forschungsaktivitäten und Projekten wird das steigende Interesse, einhergehend mit steigender Akzeptanz und Bedeutung, für die Mensch-Tier-Beziehung deutlich.

„Tiergestützt können (...) sämtliche Projekte genannt werden, welche Tiere in irgendeiner Form in therapeutische Prozesse einbeziehen." (Förster 2005, S. 26). Im anglo-amerikanischen Raum gelten seit 1996 zwei Formen tiergestützter Interventionen als offiziell anerkannt, die *tiergestützte Therapie*, Animal-Assisted-Therapie (AAT) und die *tiergestützten Aktivitäten*, Animal-Assisted-Activities (AAA). Diese Begriffsabgrenzung wurde von der Delta Society geprägt. (Vgl. Frömming 2006, S. 26 sowie Vernooij et al. 2008 S. 30-52).
In der tiergestützten Therapie wird von fachqualifiziertem Personal (Arzt, Therapeuten, Sozialpädagogen, Lehrer oder Ergotherapeuten) ein ausgewähltes, speziell geschultes Tier in den pädagogischen und therapeutischen Prozess integriert. Hierbei wird im Vorfeld ein genaues Ziel definiert und festgelegt. Der Therapieverlauf wird protokolliert und die einzelnen Fortschritte regelmäßig gemessen. (Vgl. Förster 2005, S. 27). Über Impulse des Tieres soll beim Patienten die Heilung beschleunigt oder intensiviert werden.
Tiergestützte Aktivitäten sind zielgerichtete Aktivitäten zwischen Mensch und Tier, welche die Lebensqualität und Zufriedenheit der Menschen verbessern. (Vgl. Frömming 2006, S. 29). So kommt beispielsweise der ehrenamtliche Tierbesuchsdienst in Altersheimen einer tiergestützten Aktivität gleich. Dabei spielt alleine die Anwesenheit des Tieres eine entscheidende Rolle. Wesentlicher Unterschied zur AAT ist, dass diese keine genauen Zielvereinbarungen voraussetzen, der Verlauf und der Prozess nicht genauestens dokumentiert und evaluiert wird und es keinen Bestandteil der Arbeit eines professionellen Fachpersonals darstellt. (Vgl. Vernooij et al. 2008, S. 33).

Der Umgang mit Tieren kann positiv auf die Gesundheit des Menschen wirken und den menschlichen Organismus fördern. Hierzu gibt es zahlreiche wissenschaftliche Studien und Forschungsprojekte, die dies dokumentieren und belegen. Einen Überblick über die vielfältigen Wirkungsmöglichkeiten bietet beispielsweise das nachfolgende „biopsychosoziale Wirkungspanorama hilfreicher Tiereffekte" nach Prof. Dr. Frank Nestmann von der Technischen Universität Dresden. Dieses Wirkungspanorama findet sich in zahlreichen Schriften und wird unter anderem auch vom Kuratorium Deutscher Altershilfe veröffentlicht, was Anerkennung und Akzeptanz zugleich verdeutlicht. (Vgl. http://www.kda.de/files/projekte/tiere/2006-04-19Wirkungspanorama.pdf).

Nestmann unterscheidet vor allem drei mögliche Wirkungsweisen von Tieren auf Menschen:

- physische/physiologische,
- psychisch/psychologische,
- und soziale Wirkungen.

Diese Wirkungsweisen werden in folgender Tabelle gezeigt (die gesamte Tabelle nach Nestmann findet sich in Anhang 1) und durch Faktoren ergänzt, welche in Zusammenhang mit Tieren diese Wirkungen hervorrufen können.

	WIRKUNGEN	FAKTOREN
Physisch/physiologisch	Reduzierung cardiovaskulärer Risikofaktoren	Streicheln, Interaktion, reine Präsenz
	Biochemische Veränderungen und neuro-endokrinale Wirkungen	Vertraute Intervention, anregendes Lachen, Freude, Wechsel von Interesse, Spannung und Gelassenheit
	Muskuläre Entspannung	Körperkontakt, Spiel, beruhigende Vertrautheit, Verhaltensvorhersehbarkeit
	Verbesserung der Motorik	Spazieren gehen mit Hunden, Versorgen und Pflegen, Spiel, Reiten
	Verbesserung des Gesundheitsverhaltens	Versorge- und Pflegeleistung für das Tier
	Generelle Effekte	Blindenhunde, therapeutisches Reiten, Streicheln, reine Präsenz

Abb. 8: Physische/ Physiologische Wirkungsweisen (vgl. Nestmann in Kuratorium Deutsche Altershilfe, 2006, http://www.kda.de/german/showarticles.php?id_art=276)

	WIRKUNGEN	FAKTOREN
psychisch/psychologisch	Förderung emotionalen Wohlbefindens	Schwanzwedeln des Hundes
	Förderung von positivem Selbstbild, Selbstwertgefühl, Selbstbewusstsein	Konstante Versorgung des Tieres
	Förderung von Kontrolle über sich selbst und die Umwelt	Reiten (Kontrolle über den eigenen Körper und den eigenen Hilfestellungen)
	Förderung von Sicherheit und Selbstsicherheit/ Reduktion von Angst	Füttern, Nähe, Vertrautheit, Welt der Tiere erleben
	Psychologische Stressreduktion, Beruhigung und Entspannung	Stressvermindernde Wirkung von bestimmten Tieren (z.B. schnurren)
	Psychologische Wirkungen sozialer Integration	Tiere fordern Streicheleinheiten (z.B. „schmusen“ der Katze)
	Regressions-, Projektions- und Entlastungsmöglichkeiten	Stilles Zuhören
	Antidepressive/ antisuizidale Wirkung	Lebendigkeit, Spontanität, Spaß
	Förderung mentaler Leistungen und Kompetenzen	Fühlen, Hören, Riechen des Tieres, Tierpflege, Spiele mit Tieren, Umgang mit Tieren

Abb. 9: Psychisch/ Psychologische Wirkungsweisen (vgl. Nestmann in Kuratorium Deutsche Altershilfe, 2006, http://www.kda.de/german/showarticles.php?id_art=276)

	WIRKUNGEN	FAKTOREN
Sozial	Aufhebung von Einsamkeit und Isolation	Tiere als Eisbrecher beim zufälligen Treffen beim spazieren gehen, Gesprächsstoff über Tiere
	Nähe, Intimität, Körperkontakt	Streicheln, schnurren erleben
	Streitschlichtung, Familienzusammenhalt und Eherettung	Gemeinsame Verantwortung für ein Tier, Ablenkung
	Steigerung von Vertrauen	Teilen von Gemeinsamkeiten (z.B. Kontakt zu anderen Menschen bei Ausführen von Hunden)
	Förderung von Empathie	Respektvoller Umgang mit dem eigenen Tier
	Vermittlung von positiver sozialer Attribution	Sozialer Status assoziiert mit dem Tier
	Verbesserung der Interaktionsatmosphären	leichterer Zugang zu den Klienten, Tiere bieten sich als leichte Kommunikationspartner an

Abb. 10: Soziale Wirkungsweisen (vgl. Nestmann in Kuratorium Deutsche Altershilfe, 2006, http://www.kda.de/german/showarticles.php?id_art=276)

Aufgrund der wissenschaftlichen Darlegungen von Nestmann wird erkennbar, dass Tiere verschiedene Bereiche des menschlichen Organismus fördern, zu einem besseren Wohlbefinden und insgesamt zu einer besseren Lebensqualität beitragen können. Interessant erscheint, dass man mit Hilfe von Tieren nicht nur medizinische Behandlungen psychisch und physisch erkrankter Menschen unterstützen kann (z.B. Blutdrucksenkung und Stressminderung) sondern auch soziale Wirkungen (z.B. Steigerung des Einfühlungsvermögens, Kommunikationsfähigkeit) erzielen kann. So wird bereits am Wirkungspanorama von Nestmann deutlich, dass Tiere in ihrem Verhaltensrepertoire über Fähigkeiten und Eigenschaften verfügen, die das Training sozialer Kompetenzen unterstützen können. Zu nennen wären hier beispielsweise Aufbau und Stabilisierung von Selbstbewusstsein und Unterstützung der Entwicklung von Basisfähigkeiten in Kommunikation, körperlicher Bewegung und sozialem Verhalten.

3.1.2 Psychologische Aspekte tiergestützter Interventionen

Um die psychologischen theoretischen Grundlagen tiergestützter Interventionen darzustellen und in Zusammenhang auf mögliche Wirkungen und Effekte zu bringen, können verschiedene Ansätze herangezogen werden.
Zum einen tiefenpsychologische Aspekte, insbesondere im Zusammenhang mit Kindern, zum anderen Aspekte im Zusammenhang mit Resilienzforschung und Bindungstheorie und letztlich auch entwicklungspsychologische Aspekte (vgl. Vernooij/ Schneider 2008, S. 56-73).

Die Tiefenpsychologie entstand, ausgehend von Sigmund Freud um 1900 mit dem Forschungsgegenstand des Unbewussten in der menschlichen Psyche. Dabei gibt es mittlerweile unter einer Vielzahl von verschiedenen Denkansätzen drei wesentliche Grundkonzepte:

- Psychoanalyse nach S. Freud
- Individualpsychologie nach A. Adler
- Komplexe bzw. analytische Psychologie nach C. G. Jung

Diese drei Konzepte bieten vielfältige Aspekte theoretischer Grundlagen in Bezug auf tiergestützte Interventionen, vor allem im Zusammenhang mit Kindern:
„Tiere ermöglichen einen Zugang zum individuellen Unbewusstsein. Sie rühren ebenso an das kollektive Unbewusste und sie unterstützen psychische Prozesse der Persönlichkeitsentwicklung durch ihre artspezifischen Möglichkeiten der Kommunikation und

Interaktion." (Vernooij/ Schneider 2008, S. 65). Beispielsweise können Kinder im Kontakt mit Tieren emotionale Bezüge aufbauen, körperliche Wärme und Akzeptanz erfahren, da Tiere solche Emotionen weder ablehnen noch verurteilen. Je häufiger solche Erfahrungen auftreten, umso höher ist auch die Wahrscheinlichkeit, dass sie von Tieren auf Menschen übertragen werden können. (Vgl. Vernooij/ Schneider 2008, S. 60 f.). Dadurch, dass für Menschen negative Rückmeldungen von Tieren weniger verletzend und abwertend sind, können tiergestützte Interventionen die Persönlichkeitsentwicklung positiv unterstützen und Entwicklungsstörungen und Fehlentwicklung korrigierend beeinflussen.

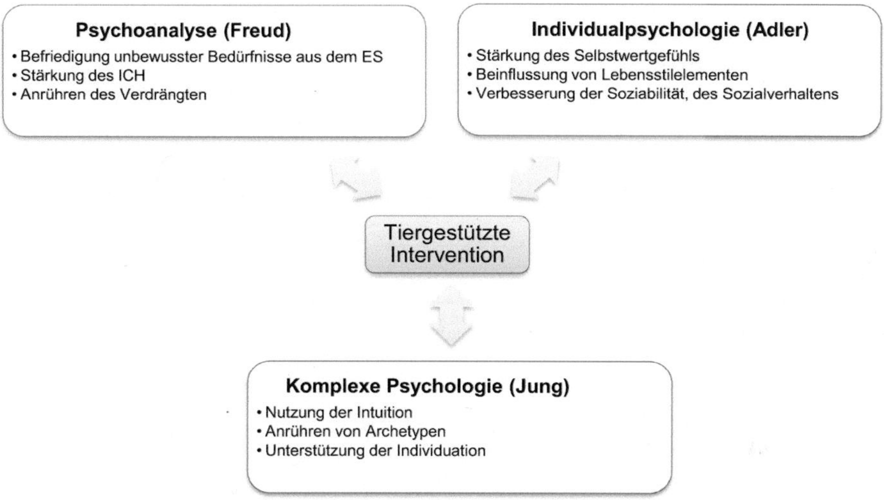

Abb. 11: Ansatzpunkte der Tiergestützten Intervention aus tiefenpsychologischer Sicht (Vernooij/ Schneider 2008, 66).

Weiterhin lassen sich Bezüge zu Resilienzforschung und Bindungstheorie herstellen. Mit Resilienz wird grundsätzlich die „seelische Widerstandskraft" bezeichnet. (Vgl. Wolter 2005, S. 299). Erwiesenermaßen können tiergestützte Interventionen – insbesondere bezogen auf die psycho-soziale Kompetenz – hierbei durch systematisch geplanten und strukturierten Kontakt mit Tieren dazu beitragen, dass (vor allem) Kinder eine stabile und integre Persönlichkeit entwickeln und über alle Lebensphasen hinweg psychisch gesund und stabil bleiben. Daraus folgt, dass tiergestützte Interventionen auf Basis der Resilienzforschung die Stärkung der personalen Ressourcen erzielen kann, wobei Selbstwertgefühl, Sozialverhalten und Bindungsfähigkeit diesbezüglich bedeutsam erscheinen. (Vgl. Vernooij/ Schneider 2008, S. 67-71).

Auch Entwicklungspsychologische Ansätze können zur Erklärung der Bedeutung tiergestützter Interventionen herangezogen werden, wichtige Ziele sind dann Entwicklungsförderung, Entwicklungsaktivierung und Entwicklungskorrektur. (Vgl. Vernooij/ Schneider 2008, S. 71). Wie oben bereits beschrieben vermitteln Tiere positive emotionale Eindrücke, diese unterstützen Entwicklungsprozesse erheblich. Dadurch könne Tiere diesbezüglich betrachtet werden als (Vgl. Vernooij/ Schneider 2008, S. 71):

- Medium für die Erreichung anderer Ziele;
- Zielobjekt, da die Anwesenheit positive Emotionen weckt;
- Lebendes Subjekt, da Tiere den Kontakt- bzw. Interaktionsprozess spezifisch mit gestalten;

Die folgende Graphik vermittelt zusammenfassend einen Überblick über die Einsatzmöglichkeiten tiergestützter Interventionen:

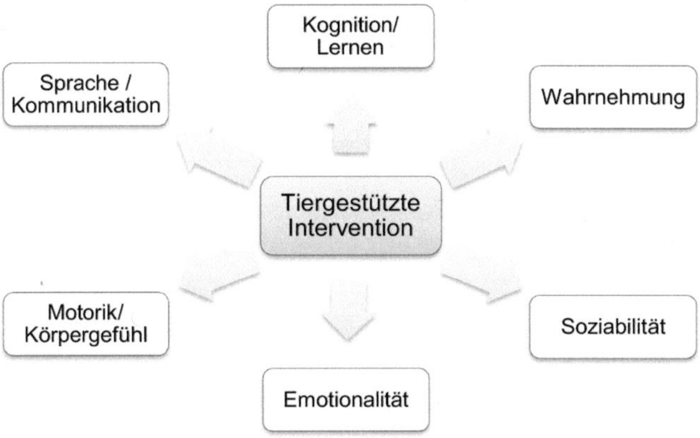

Abb. 12: Mögliche Interventionsbereiche bei tiergestützten Intervention (Vernooij/ Schneider 2008, 73)

3.1.3 Einsatzmöglichkeiten tiergestützter Interventionen in unterschiedlichen Praxisfeldern

Vor wenigen Jahren waren vor allem der Einsatz von Blindenhunden und der Einsatz von Pferden im therapeutischen Reiten bekannt. Allmählich wird die Ansicht der vielseitigen Hilfe und Unterstützung der Tiere für den Menschen hervorgehoben (vgl. Förster 2005, S. 13). Tiere werden immer häufiger in Therapien eingesetzt, da sie sich positiv auf Körper, Seele und Geist auswirken können und somit einen positiven Einfluss auf die Lebensqualität haben.
Im Nachfolgenden werden die Wirkungsweise von Pferden im therapeutischen Reiten, die Unterstützung von Tieren in der Altenarbeit und die Delphintherapie näher beschrieben.

Therapeutisches Reiten

Therapeutisches Reiten stellt einen ganzheitlichen Therapieansatz dar, der Körper, Seele und Geist kranker bzw. behinderter Menschen gleichermaßen aktivieren soll. Die Wärme des Pferdes und der Rhythmus der Pferdebewegung wirken auf den Körper des Menschen beruhigend und lösend. Durch gleichmäßige Pferdebewegungen werden Balance, Koordination und Losgelassenheit gefördert. (Vgl. http://www.erlenweiherhof.de/download/Therapeutisches%20Reiten%20-%20ein%20ganzheitliches%20Konzept.pdf).

Geistig werden Menschen vor allem im Umgang mit den Tieren gefordert, beispielsweise beim Putzen, Vorbereiten und Führen des Pferdes. Gleichzeitig weckt der Umgang mit den Pferden Emotionen, diese reichen von Angst bis Lebensfreude, wodurch auch die Seele der Menschen angesprochen wird. Die positiven Wesensmerkmale eines Pferdes sind im therapeutischen Reiten von großer Bedeutung: „Das Pferd hat ein differenziertes Fürsorgeverhalten. Es verhält sich Menschen mit Behinderungen gegenüber anders als gegenüber Nichtbehinderten. Dabei gibt es beim Tier keine Wertung, sondern nur eine Wahrnehmung des Bemühens eines Partners.“ (www.erlenweiherhof.de).

Das Deutsche Kuratorium für Therapeutischen Reiten e.V. subsumiert unter den Oberbegriff Therapeutisches Reiten (vgl. www.dkthr.de/therapie.php):

- die Hippotherapie (im Bereich Medizin),
- das Heilpädagogisches Voltigieren und Reiten (im Bereich Pädagogik) und
- den Reitsport für Behinderte (im Bereich Sport).

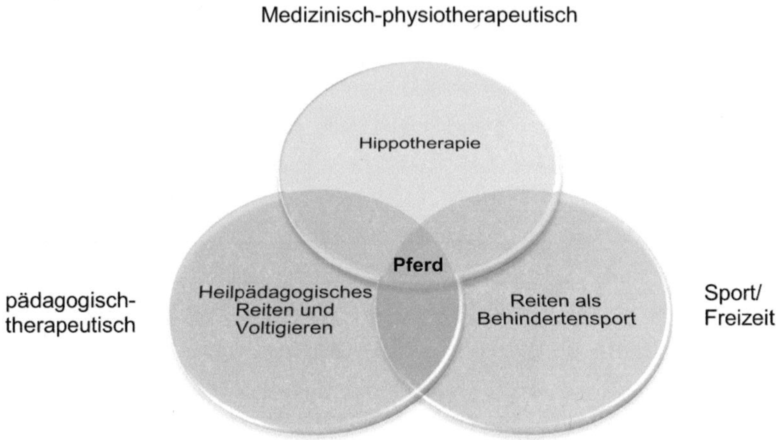

Abb. 13: Bereiche des therapeutischen Reitens
(http://www.fk-therapeutisches-reiten.de/wasist.html)

Die Hippotherapie ist eine physiotherapeutische Behandlungsmaßnahme auf neurophysiologischer Grundlage und richtet sich an Kranke oder behinderte Menschen, die eine medizinische Behandlung benötigen. Die Therapie wird von einem Physiotherapeuten mit Zusatzausbildung Hippotherapeut durchgeführt und gleichzeitig ärztlich beobachtet und begleitet. (Vgl. www.dkthr.de/downloads/was_ist_hippotherapie.pdf). Die dreidimensional rhythmischen Schwingungsimpulse der Pferdebewegung erfolgen im Rechts-Links, im Vor-und-Ab und im Auf-und-Ab und wirken dabei positiv auf den Reiter, der stets nur im Schritt passiv auf dem Pferd sitzt und von einem Helfer des Physiotherapeuten geführt wird (vgl. Frömming 2005, S. 53). Durch die Schwingungen des Pferderückens müssen sich die Patienten dem Gehrhythmus des Pferdes anpassen, die Impulse übertragen sich auf den Körper des Patienten, die Muskulatur wird zu Kontraktionen angeregt und ein Gehmuster wird übermittelt.

Die Hippotherapie ist vorwiegend auf Menschen mit Körperbehinderungen unterschiedlicher Ursachen ausgerichtet und „...soll durch gezielte Behandlung blockierte Bewegungsabläufe positiv beeinflussen und so, durch die gleichmäßige Bewegung des Pferdes, auf den Stütz- und Bewegungsapparat, die inneren Organe und das Herz-Kreislaufsystem durchblutungsfördernd, lockernd und kräftigend einwirken.“ (ebd.). Die Schwingungen des Pferderückens werden von Patienten über das Becken aufgenommen und über den Oberkörper an das Gehirn weitergeleitet. Der Reiter ist gezwungen jede erneute Bewegung des Pferdes neu auszubalancieren, im Allgemeinen führt dies zu einer Verbesserung der

Körperhaltung, einem Aufbau von Koordinationsgefühl und einer Steigerung des Gleichgewichts. Neben dem körperlichen Training wird auch die Psyche der Patienten angesprochen, denn gerade für Menschen mit Gehbehinderungen kann Hippotherapie eine verbesserte Lebensqualität bedeuten.

Im Gegensatz dazu werden beim heilpädagogischen Reiten und Voltigieren nicht Menschen mit Körperbehinderungen angesprochen, sondern Menschen, meist Kinder und Jugendliche, mit geistigen und seelischen Behinderungen. Psychologen und Pädagogen mit Zusatzausbildung Reitpädagoge führen heilpädagogisches Reiten und Voltigieren durch und versuchen mit Hilfe von Pferden Verhaltensänderungen bei Menschen zu erzielen. Durch die sensible Wahrnehmung und die unmittelbaren Reaktionen der Pferde werden Menschen Folgen ihres Verhaltens und unbewusste Einstellungen bewusst gemacht und gleichzeitig auch Grenzen aufgezeigt, wodurch Kinder und Jugendliche ihr Benehmen ändern. (Vgl. Frömming 2006, S. 57).

Auch im Sportbereich haben körperlich und geistig behinderte Menschen die Möglichkeit aktiv an Wettkämpfen teilzunehmen. Hierfür werden beispielsweise vom deutschen Kuratorium für therapeutischen Reiten e.V. Reitlehrer mit Zusatz Behindertensport ausgebildet, die für behinderte Menschen einen speziellen Reitunterricht anbieten. Unterstütz durch diverse Hilfsmittel (Aufstiegshilfen, Zügelverlängerungen, spezielle Sättel) ist es Menschen mit Behinderung möglich, aktiv im Spitzensport mitwirken zu können. Neben der körperlichen Rehabilitation steht hierbei vor allem die Integration in ein normales Leben im Vordergrund. Eine Stärkung des Selbstbewusstseins, ein Gefühl des Angenommenseins und eine Stärkung der Persönlichkeit sind die Folge. (Vgl. Frömming 2006, S. 54).

Tiere in der Altenarbeit

Der Umzug in ein Seniorenheim führt bei älteren Menschen oft zu Vereinsamung und Teilnahmslosigkeit. (Vgl. Frömming 2006, S. 80). Eine Möglichkeit den Lebensalltag von älteren Menschen aktiv mit zu gestalten, stellt der Einsatz von Tieren in Heimen dar.

Tiere können für ältere Menschen sehr wertvoll sein, da sie tägliche Pflege und Fürsorge brauchen und somit wesentlich zur Aktivierung und Tagesstrukturierung älterer Menschen beitragen und für eine Abwechslung im Alltag der Senioren sorgen.

In einigen Altersheimen werden bereits Heimtiere eingesetzt, die mit dem Pflegepersonal auf Visite gehen und mit denen sich die Senioren beschäftigen können. Es hat sich gezeigt, dass das Zusammenleben mit Tieren das Wohlbefinden steigert, die Senioren fühlen sich psychisch, physisch und sozial besser.

In Deutschland gibt es inzwischen Ärzte, die Tiere unterstützend bei ihrer therapeutischen Arbeit einsetzen, unter anderem um leichter Zugang zu ihren Klienten zu finden (vgl. Punkt 3.1.2). So berichtet beispielsweise das Kuratorium Deutscher Altershilfe, dass in immer mehr Alten- und Pflegeheimen Tiere, die zukünftige Bewohner mitbringen wollen, willkommen sind, sofern bestimmte Voraussetzungen für die Tiere erfüllt werden können. Viele stationäre Altenhilfeeinrichtungen setzen Tiere ganz bewusst zur Freude ein, indem sie beispielsweise eine Katze für einen Wohnbereich oder Stubenvögel für die Gemeinschaftsräume anschaffen. (vgl. Olbrich/ Jonas 1998). Nestmann beobachtete im Rahmen seines biopsychosoziales Wirkungspanoramas über einen längeren Zeitraum positive Effekte des Zusammenlebens mit Heimtieren. „Durch die Kontaktfreudigkeit der Tiere werden die Menschen zum Dialog aufgefordert und dadurch von ihren Krankheiten, Schmerzen oder anderen altersbedingten Leiden abgelenkt." (Förster 2005, S. 35). Studien von diversen Forschern und Gesundheitswissenschaftler haben belegt, dass Senioren, die mit Tieren zusammenleben in Stress- und Belastungssituationen seltener einen Arzt aufsuchen. Ebenso nehmen Senioren mit Tieren weniger Medikamente ein, bewegen sich häufiger an der frischen Luft und erkranken seltener an leichten Erkältungen. Weiterhin geben Tiere den Menschen Geborgenheit, die Menschen fühlen sich seltener allein. Sie haben tägliche Aufgaben und geraten seltener in depressive Stimmungen. Gerade Hunde können die Bedürfnisse vieler älterer Menschen nach Aufmerksamkeit und Nähe erfüllen. (Vgl. Olbrich/ Jonas 1998).

Delphintherapie

Bei der therapeutischen Arbeit mit Delphinen wird zum einen der Erfolg der Hydrotherapie eingesetzt und zum anderen ergeben sich aus den besonderen Charaktereigenschaften der Delphine positive Wirkungen für die Teilnehmer. Delphintherapie wird vor allem bei Kindern im Alter von drei bis zwölf Jahren eingesetzt, die an psychischen und physischen Behinderungen leiden. Als Begründer der Delphintherapie gilt Dr. David E. Nathanson, Universitätsprofessor für Klinische und Neuropsychologie und Leiter der Therapieprogramme der Dolphin Human Therapy in Florida.[6] Nathanson betont, dass die Aufmerksamkeit gesunder Kinder am besten durch Wasser, Tiere und Musik erreicht werden kann. Auch in der Therapie mit behinderten Menschen erkannte Nathanson, dass diese Faktoren zum Erfolg führen. (Vgl. Kuhnert 2004, S. 19).

Die Interaktion zwischen Mensch und Delphin basiert dabei auf der persönlichen Initiative der Delphine. Über die Delphine können Patienten Kontakt zu ihrer Umwelt aufnehmen,

[6] Vgl. hierzu "Published research on dolphin human therapy" des Therapiezentrums Dolphin Human Therapy, Key Largo, Florida (http://www.dolphinhumantherapy.com/Research/mainResearch.htm)

Ängste können abgebaut und Verkrampfungen gelöst werden. Delphine sind höchst sensible, feinfühlige und geduldige Tiere, die die Fähigkeit besitzen kranken und hilfsbedürftigen Menschen ihre Aufmerksamkeit zu schenken. Delphine haben zusätzlich zum Gehör ein Sonar, mit dem sie Schallwellen aussenden und auch wahrnehmen können. Gibt der Delphin ein Signal ab, trifft dieses auf ein Hindernis, wird reflektiert und kehrt zum Delphin zurück. Das zurückkehrende Signal wird in Höhe des Kiefers aufgefangen und analysiert. Dies liefert dem Delphin detaillierte Informationen über Entfernung, Form und Besonderheiten des gegenüberliegenden Objekts. So können Delphine beispielsweise anatomische Unterschiede der einzelnen behinderten Kinder wahrnehmen. (Vgl. Dude 2002, S.56f).

Bei den Therapiesitzungen nehmen die Eltern der Kinder teil, um besser mit dem Therapeuten zusammenarbeiten zu können und um bestimmte Erfolge zuhause weiterführen zu können. (Vgl. ebd., S. 52). Die Therapeuten arbeiten auf schwimmenden Docks und ihren Delphinen. Dabei besteht die Therapie nicht alleine aus gemeinsamem Schwimmen mit Delphinen, sondern hauptsächlich arbeiten Patienten mit ihren Therapeuten an verschiedenen Aufgaben. Werden diese gelöst, darf der Patient zu den Delphinen ins Wasser, Delphine sind folglich die Belohnung für einen Therapieerfolg. (Vgl. ebd., S. 68).

Mit Hilfe der Delphintherapie erlangen Menschen mit mentalen, körperlichen und psychischen Beeinträchtigungen wieder mehr Lebensfreude, es wird jedoch keine plötzliche Heilung stattfinden. „Dr. Nathanson betont immer wieder, dass es nicht die Delphine sind, die die Kinder heilen. Ein Kind, das zur Therapie in einem Rollstuhl kommt, verlässt das Therapiezentrum auch wieder im Rollstuhl. Die Delphintherapie bessert lediglich die Lebensqualität der Patienten. Eine regelmäßige Therapie zu Hause muss folgen. Aber die Kinder haben Vertrauen in sich selbst gewonnen, und das ist sehr wichtig, damit sie sich in der Welt besser zu Recht finden.“ (ebd., S. 54).

3.1.4 Kritische Betrachtung

Therapiepferde müssen Ruhe und Tragfähigkeit in unterschiedlichsten Situationen beweisen, müssen unkoordinierte Bewegungen ausgleichen können und bei Unruhe und Schrecksituationen gelassen und ruhig reagieren. Daher ist unbedingt davon abzuraten, eigene, nicht speziell ausgebildete Pferde als Leihpferde für Bekannte oder Verwandte zu verwenden. Therapiepferde durchlaufen eine langjährige Ausbildung, die Arbeit erfordert von den Pferden ständige Aufmerksamkeit und höchste Konzentration. Wichtig ist, dass sich nicht jedes Pferd gleichermaßen für therapeutisches Reiten eignet, sondern stets beobachtet werden muss, wie sich das Pferd im Laufe seiner Ausbildung entwickelt.

Generell sollten Tiere nur dann für Therapiezwecke eingesetzt werden, wenn sich daraus für die Tiere keine Nachteile ergeben und auch nur dann, wenn sich das Wesen der Tieres dafür als geeignet herausstellt.

Beim Einsatz von Tieren in der Altenarbeit sollte kritisch betrachtet werden, dass Tiere zwar Bedürfnisse älterer Menschen nach Nähe und Zuneigung befriedigen und Gefühle der Einsamkeit mildern können, dennoch können sie den Kontakt zum Menschen nicht ersetzen (vgl. Förster 2005, S. 35), „...sondern lediglich eine vorübergehende (Not-) Lösung oder eine Hilfe zum Erlernen von Kontaktaufbau mit Menschen sein." (ebd., S. 54).

Weiterhin ist eine allgemeine Zuneigung zu Tieren Voraussetzung für eine erfolgreiche Begegnung. Haben Menschen keinen Bezug zu Tieren oder möglicherweise sogar Angst, sind Einsätze von Tieren sehr vorsichtig und kritisch zu betrachten. „Es gibt aber auch durchaus Fälle, in denen ein Mensch auf diese Weise Kontakt und Umgang mit Tieren zu schätzen gelernt hat." (ebd., S. 35).

Tiere können die medizinische Behandlung eines psychisch und physisch erkrankten Menschen nicht ersetzen, dennoch können sie durch ihre positiven Wirkungsweisen und sensiblen Charaktereigenschaften unterstützen und Menschen wieder zu mehr Lebensfreude und zu einer schnelleren Genesung verhelfen. Dabei ist die Zusammenarbeit mit einem gut ausgebildeten Therapeuten unabdingbar.

3.2 Bedeutung der Pferde für den Menschen

Pferde und Menschen haben seit Jahrhunderten eine besondere Beziehung, Pferde spielten eine entscheidende Rolle in der Geschichte und Entwicklung der Menschen. Sie boten Vorteile auf Schlachtfeldern in Kriegen, dienten als Fortbewegungsmittel oder wurden als Last- und Pflugtiere eingesetzt.

Auf den meisten Gebieten ist die Rolle des Pferdes überflüssig geworden. Der erste Weltkrieg war der letzte große Krieg, in dem Pferde trotz neuer Kampffahrzeuge eine bedeutende Rolle spielten. (Vgl. Gries 2004, S. 144). Mit zunehmender Motorisierung von Militär und Zivilwesen und der Mechanisierung der Landwirtschaft geriet das Pferd als Nutztier immer mehr in den Hintergrund. (Vgl. Förster 2005, S. 59). Vielmehr werden Pferde in der heutigen Zeit vorwiegend im Freizeit-, Sport- und Zuchtbereich eingesetzt.

Doch trotz dieser Entwicklungen sind das Interesse und die Faszination an Pferden erhalten geblieben. (Vgl. Truckenbrodt/ Fiegler 2004, S. 18). „Bereits im Altertum war die heilende- und gesundheitsfördernde Wirkung durch die Harmonie zwischen Mensch und Tier bekannt. Ärztliche Schriften aus dem 16. Jahrhundert beschreiben die erhaltenden und gesundheitsfördernden Aspekte..." (Frömming 2006, S. 51).

Weiterhin werden Pferde immer öfter auch in Seminaren und Trainings für Führungskräfte eingesetzt. (Truckenbrodt/ Fiegler 2004, S. 19). Der Einsatz von Pferden bietet hier die Möglichkeit, die eigene Wahrnehmung weiter auszubilden, das eigene Verhalten bewusst erlebbar zu machen und sein eigenes Selbst zu reflektieren. „Die Lektionen mit dem Wesen Pferd bewirken intensive Erlebnisse, die uns dazu anregen, unsere Verhaltensweisen und Wirkungen zu reflektieren. Die direkte körperliche Erfahrung mit dem Pferd ermöglicht rasche Einsichten und Aha-Effekte." (Gries 2004, S. 139).

Zwischen Mitarbeiterführung und Führung von Pferden können bedeutende Parallelen hergestellt werden, die im weiteren Verlauf der Arbeit noch genauer beleuchtet werden.

3.2.1 Pferde als Spiegel des Menschen

Tieren wird „...eine besondere Intuition für die Aufrichtigkeit oder Falschheit menschlicher Haltungen zugeschrieben." (Watzlawick et al. 2003, S. 64). Auch Pferde haben ein „...unfehlbares Gespür für Echtheit und Wahrhaftigkeit" (Schwaiger 2008, S. 2). Pferde erkennen beispielsweise am körperlichen Ausdruck des Menschen, ob die Zielsetzung mit dem Körperverhalten und der Aussage kongruent ist. Pferde nehmen das wahr, was ein Mensch durch seine Körpersprache ausstrahlt und mitteilt. Verkörpern Menschen Selbstsicherheit, Ruhe und Authentizität wird auch die Pferde dementsprechend reagieren. „Pferde entlarven den Menschen sofort in seiner Antinomie und so kann er im Umgang mit dem Pferde wieder lernen, zu einer Kongruenz von innerer Absicht und äußerem Ausdruck zu finden." (Gries 2004, S. 149). Der Umgang mit Pferden bietet die Möglichkeit, eigene Wirkungsfähigkeiten zu erkennen und sich von alten Verhaltensweisen zu lösen. (Vgl. Schwaiger 2008).

3.2.2 Pferde als Interaktions- und Kommunikationspartner

Kommunikation kann allgemein als „Mitteilung" (Watzlawick et al. 2003, S. 50) verstanden werden, genauer betrachtet als Austausch von Informationen, mit dem Ziel, Inhalte, Ideen und Überzeugungen zu vermitteln, Gegenstände und Sachverhalte zu beschreiben oder auch zwischenmenschliche Differenzen und Konflikte zu lösen. Interaktion umfasst zusätzlich die Wechselbeziehungen zwischen Personen und wird folglich als „wechselseitiger Ablauf von Mitteilungen zwischen zwei oder mehreren Personen" (ebd) bezeichnet. Nach Watzlawick et al. (2003) besteht Kommunikation nicht nur aus Worten, sondern umfasst unter anderem alle paralinguistischen Phänomene[7], unterschiedliche Körperhaltungen und Körpersprachen, folglich das gesamte Verhalten der Menschen. Kommunikation wird durch einen fein abgestuften Austausch nonverbaler Informationen erreicht, bei dem die gesamte Mimik und Gestik beteiligt ist. (vgl. ebd., S. 51). „Durch nonverbale Rückmeldungen werden dem Partner zum Beispiel Zustimmung, Interesse oder auch Ablehnung signalisiert" (Goldstein 2002, S. 347).

Nach Watzlawick (2003) gibt es fünf Grundannahmen, die die menschliche Kommunikation erklären und ihre Paradoxie zeigen. Anhand dieser fünf Kommunikationsregeln, die der Autor selbst als „pragmatische Axiome" (ebd.) bezeichnet, ist es möglich Interaktion und Kommunikation zwischen Gesprächspartnern zu analysieren. Zwei dieser fünf Axiome erscheinen besonders bedeutsam für die Kommunikation zwischen Mensch und Tier und werden im Folgenden näher betrachtet (in nachfolgender Tabelle farblich hervorgehoben). Aus Gründen der Vollständigkeit werden jedoch alle fünf Axiome genannt:

1. Axiom	„Man kann nicht nicht kommunizieren" (Watzlawick et al. 2003, S. 53)
2. Axiom	„Jede Kommunikation hat einen Inhalts- und einen Beziehungsaspekt, derart, daß letzerer den ersteren bestimmt und daher eine Metakommunikation ist" (ebd., S. 56)
3. Axiom	„Die Natur einer Beziehung ist durch die Interpunktion der Kommunikationsabläufe seitens der Partner bestimmt" (ebd., S. 61)
4. Axiom	„Menschliche Kommunikation bedient sich digitaler und analoger Modalitäten (...)." (ebd., S. 68)
5. Axiom	„Zwischenmenschliche Kommunikationsabläufe sind entweder symmetrisch oder komplementär, je nachdem, ob die Beziehung zwischen den Partnern auf Gleichheit oder Unterschiedlichkeit beruht." (ebd., S. 70)

Abb. 14: Axiome nach Watzlawick

Mit dem ersten Axiom weisen die Autoren darauf hin, dass sich Menschen nicht *nicht* verhalten können und demzufolge auch nicht *nicht* kommunizieren können: „Man kann sich nicht nicht verhalten. Wenn man also akzeptiert, daß alles Verhalten (...) Mitteilungscharakter hat, d.h. Kommunikation ist, so folgt daraus, daß man wie immer man es auch versuchen mag, nicht nicht kommunizieren kann. Handeln oder Nichthandeln, Worte oder Schweigen haben alle Mitteilungscharakter: Sie beeinflussen andere, und diese anderen können ihrerseits nicht nicht auf die Kommunikation reagieren und kommunizieren damit selbst." (Watzlawick et al. 2003, S. 51). Menschen senden ohne bewusstes Zutun ständig Signale aus, die von anderen als Kommunikation, d.h. als Mitteilung verstanden

[7] Paralinguistische Phänomene sind beispielsweise Tonfall, Schnelligkeit, Sprechpausen, Lachen, Seufzen.

werden. Nonverbale Botschaften erfüllen wichtige Funktionen im Gespräch und haben ebenso Mitteilungscharakter wie gesprochene Worte. Anhand der Mimik und Gestik des Gesprächspartners kann dessen Gemütszustand und die eigentliche Bedeutung der verbalen Aussagen erkannt werden. Im Umgang mit anderen ist es folglich unmöglich, sich der Kommunikation als solcher zu entziehen.

Weiter unterscheiden Watzlawick et al. (2003) mit dem vierten Axiom zwischen digitaler und analoger Kommunikation. Kommunikation ist demzufolge nicht nur ein Austausch digitaler Fakten, die in Worte oder Zeichen gekleidet werden, sondern vielmehr enthält jede Interaktion auch einen meist hohen Anteil analoger Begleitbotschaften. Neben dem Miteinander-Sprechen ist auch Wahl des Tonfalls, Wahl der Lautstärke, Körperhaltung, Sprechweise sowie begleitende Mimik und Gestik zu berücksichtigen. Ohne diese analogen Beziehungsbotschaften wäre menschliche Kommunikation meist nicht erklärbar, da die Berücksichtigung eine bessere Interpretation der inhaltlichen und sprachlichen Aussagen ermöglicht. Wird Fachwissen von einer Person zur nächsten meist digital übermittelt, bedienen sich Menschen auf dem Gebiet der Beziehungen fast ausschließlich analoger Kommunikationsformen (vgl. Watzlawick et al. 2003, S. 61-63).

Hier bleibt anzumerken, dass die analoge Kommunikation im Widerspruch zum Gesagten stehen kann (beispielsweise aufgesetztes Lachen, unsichere Körperhaltung bei wichtigen Auseinandersetzungen), denn „...es ist leicht, etwas mit Worten zu beteuern, aber schwer eine Unaufrichtigkeit auch analogisch glaubhaft zu kommunizieren." (ebd., S. 64). Die analoge Kommunikationsform erscheint daher ehrlicher und aufrichtiger, denn „...eine Geste oder eine Miene sagt uns mehr darüber, wie ein anderer über uns denkt, als hundert Worte" (ebd.). Vernooij und Schneider (2008) machen deutlich, dass „...analoge Kommunikation überall und mit jedem Lebewesen möglich ist..." (Vernooij/ Schneider 2008, S. 19), wogegen digitale Kommunikation bei allen Beteiligten dieselben Sprachkenntnisse voraussetzt und die Fähigkeit Symbole und Worte richtig zu gebrauchen und zu deuten. (Vgl. ebd.).

Die beiden ausführlich beschrieben Axiome von Watzlawick haben eine weitreichende Bedeutung für das Thema Kommunikation zwischen Mensch und Tier. Auch Tiere können sich nicht nicht verhalten, jegliches Verhalten der Tiere hat Mitteilungscharakter.
Im Vergleich zu Menschen verfügen Tiere über eine wesentlich stärker ausgeprägte Körpersprache, die meist instinktgeleitet und angeboren auftritt und sich beispielswiese in Revier- oder Rivalitätskämpfen (z.B. Drohmimik) widerspiegelt.
Watzlawick et al. (2003) weisen daraufhin, dass Tiere entgegengesetzt der vorherrschenden Ansicht primär auf analoge Botschaften und nicht auf digitale Kommunikationsformen

reagieren: „Tierbesitzer sind oft überzeugt, dass ihre Tiere die menschliche Sprache „verstehen“. Was das Tier versteht, ist offensichtlich nicht die Bedeutung der Worte, sondern die zahlreichen Analogiekommunikationen, die im Ton, der Sprache und der sie begleitenden Gestik enthalten sind“ (Watzlawick et al. 2003, S. 63f).
In der Kommunikation mit Tieren kann man daher eine unmittelbare Reaktion auf die jeweiligen eigenen nonverbalen, analogen Kommunikationselemente erhalten und lernen, seine Körpersprache bewusster einzusetzen. Um eine Basis für eine erfolgreiche Mensch-Tier-Kommunikation zu schaffen, ist es wichtig, die Sprache der Tiere richtig zu verstehen und zu deuten sowie zu versuchen mit dem Tier auf einer gemeinsamen Ebene zu kommunizieren. (Vgl. Frömmer 2006, S.21). Der Mensch muss vorwiegend analoge Kommunikationsformen verwenden, keinesfalls kann von Tieren erwartet werden, die Sprache des Menschen zu erlernen. Die dadurch trainierte Fähigkeit Perspektiven zu wechseln bezeichnen Truckenbrodt und Fiegler (2004) als „...Basiskompetenzen für den wertschätzenden Umgang und die erfolgreiche Kommunikation mit anderen...“ (Truckenbrodt/ Fiegler 2004, S. 89).

Damit Pferde Menschen in ihrer Führungsrolle akzeptieren, muss eine Vertrauensbasis geschaffen werden und eine eindeutige Kommunikation vorhanden sein. Pferde können mit Hilfe ihrer Körpersprache, z.B. durch Ohrenspiel, Körperhaltung, Auskeilen oder Scheuen, Zu- und Abwendung sehr deutlich symbolisieren. „Pferde sind Experten in Sachen Körpersprache. Ihre Sprache ist sehr leise. Pferde nehmen sensibel das wahr, was wir über unsere Körpersprache offenbaren: Angst, Freude, Zögern und entschlossenes Handeln, aber auch die Bereitschaft zu Nähe und Distanz. Pferde reagieren auf das, was wir über unseren Körper ausstrahlen, nicht auf das gesprochene Wort.“ (Gries 2004, S. 139). Durch die Arbeit mit Pferden erhalten Menschen somit ein direktes und ehrliches Feedback, wie sie mit ihrer analogen Kommunikationsformen auf andere wirken, denn Pferde „...verarbeiten instinktiv körpersprachliche Signale, die dem, der sie aussendet, zumeist gar nicht bewusst sind.“ (Hendrich 2003, S. 92).
Eine analoge Kommunikationsform unterscheidet nicht zwischen Vergangenheit, Gegenwart und Zukunft, Pferde reagieren daher immer zeitnah und situationsgebunden. Aus der analogen Kommunikation zwischen Mensch und Pferd ergibt sich folglich für Menschen die Möglichkeit eine unmittelbare Reaktion darüber zu erhalten, wie ihr Verhalten gerade wirkt. Da Pferde nur analog kommunizieren können ist ein Widerspruch zwischen analoger und digitaler Kommunikation von vornherein völlig ausgeschlossen, sie sind daher stets aufrichtig in ihrem Verhalten.

3.2.3 Pferde als Feedbackgeber

Es gibt verschiedene Möglichkeiten zur Verbesserung der Kommunikation. Jung (2005) nennt dabei:

- Ansatzpunkte auf der Senderseite (u.a. Förderung rhetorischer Fähigkeiten),
- Ansatzpunkte auf der Empfängerseite (u.a. Erlernen aktiven Zuhörens) und
- Feedback. (Vgl. Jung 2005, S. 467).

Feedback wird in der Praxis vielfach angewandt und hat sich in der beruflichen Bildung etabliert. Besonders bei Seminaren und Lerngruppen hilft Feedback Lernprozesse erfolgreicher zu gestalten.

Feedback ist eine Möglichkeit, anderen mitzuteilen, wie deren Verhalten und Kommunikationsformen wirken und gibt folglich im Gegenzug dazu Aufschluss über das eigene persönliche Verhalten. „Die gegenseitige Rückmeldung von Eindrücken, die Menschen voneinander haben und sich wechselseitig mitteilen, (...) hilft bei der Klärung und Verbesserung der zwischenmenschlichen Beziehungen.“ (Fengler 2004, S. 13). Die Weiterentwicklung der Persönlichkeit und die Verbesserung der kommunikativen Kompetenz stehen dabei im Vordergrund.

Die wesentliche Aufgabe des Feedback ist die Aufdeckung von zwei Diskrepanzen für den Feedback-Partner und deren gleichzeitige Minimierung:

- „Die Selbstwahrnehmung und die Fremdwahrnehmung weichen voneinander ab, weil sich die Selbstwahrnehmung, z.B. zu sehr am eigenen Wunsch- oder Idealbild orientiert;
- Die realen Verhaltensauswirkungen entsprechen nicht den beabsichtigten Verhaltenszielen.“ (Jung 2005, S. 468).

Voraussetzungen für positive Aspekte und Wirksamkeit des Feedback sind neben einer Vertrauensbasis zwischen den Kommunikationspartnern auch das Einhalten bestimmter Feedback-Regeln. Gemäß Jung (2005) sollten dabei vor allem folgende vier Komponenten beachtet werden:

- Konstruktives Feedback geben,
- Richtigen Zeitpunkt für Feedback wählen,
- Konzentration auf konkrete Fakten und aktuelles Verhalten,
- Feedback positiv formulieren. (Vgl. Jung 2005, S. 468f).

Konstruktives Feedback soll nicht die Persönlichkeit, den Charakter und die Einstellungen einer Person kritisieren und widerspiegeln, sondern lediglich das Verhalten einer Person in einer bestimmten Situation beschreiben, folglich immer konkret auf ein spezifisches Verhalten bezogen sein. Feedback soll den Feedbackempfänger dabei nicht analysieren und bewerten, sondern vielmehr subjektive Eindrücke vermitteln.
Entscheidend ist vor allem die Wahl des richtigen Zeitpunkts für das Feedback. Da sich das Verhalten der Menschen in Anhängigkeit spezifischer Situationen unterscheidet, kann sich Feedback nur auf augenblickliches und konkretes Verhalten beziehen und muss folglich möglichst unmittelbar und zeitnah erfolgen.
Feedback ist die „...wahrscheinlich wichtigste Möglichkeit zur Kommunikationsverbesserung, da es hilft, unbeabsichtigte Verhaltensweisen zu korrigieren bzw. erwünschte Verhaltensweisen zu bestärken..." (Jung 2005, S. 469). Weiterhin ermöglicht Feedback einen Abgleich von Selbst- und Fremdbild (vgl. ebd.), da die eigene Wirkung auf andere in Erfahrung gebracht wird.

Um die Befähigung der Pferde als Feedbackgeber aufzuzeigen, werden die oben genannten Komponenten des Feedback auf Pferde übertragen und kritisch betrachtet:

- *Konstruktives Feedback geben*

Konstruktiv bedeutet, dass Feedback grundsätzlich zur Weiterentwicklung des Feedbacknehmers beitragen und Perspektiven für die Zukunft bieten soll. Pferde reagieren auf jegliches Verhalten des Menschen entweder positiv oder negativ, ohne dabei Wertungen und Schuldzuweisungen zu verwenden. Pferde sind daher stets aufrichtig in ihrem Verhalten (vgl. Punkt 3.2.2) und geben ehrliches und konstruktives Feedback. Feedback kann in der Arbeit mit Pferden in diesem Zusammenhang auch als Erfolgskontrolle von eigenem Handeln verstanden werden, da anhand der Reaktionen des Pferdes erkennbar ist, ob das eigene Verhalten angenommen wird.

- *Richtigen Zeitpunkt für Feedback wählen*

In der Arbeit mit Pferden erhält man nach jeder einzelnen Verhaltensweise und Gestik eine unmittelbare Rückmeldung, wie diese vom Pferd erkannt und angenommen wird. Pferde reagieren beispielsweise sofort auf mangelnde Wahrhaftigkeit, Ungerechtigkeit oder Unsicherheit mit einer Ablehnung der Zusammenarbeit. Pferde können im Vergleich zu Menschen ihre Reaktion auf eine Geste nicht auf einen späteren Zeitpunkt verschieben, Menschen hingegen reflektieren das Geschehene und können daher zwischen möglichen Reaktionen auswählen.

- *Konzentration auf konkrete Fakten und aktuelles Verhalten*

Da Pferde nur analoge Kommunikationsformen wahrnehmen, kann auch das Feedback der Pferde ausschließlich auf analoge Kommunikationsformen erfolgen und auf konkrete Verhaltensweisen. Der Gegenstand des Feedback ist folglich keine Charakteranalyse, sondern stets aktuelles Verhalten.

- *Feedback positiv formulieren*

Diese Komponente ist nicht von vornherein gegeben, da Pferde nicht digital kommunizieren können. Allerdings sollten Pferdetrainings durch einen ausgebildeten Coach begleitet werden, der dafür zuständig ist, das Feedback des Pferdes positiv zu übersetzen.

Insgesamt erscheinen Pferde als Feedbackgeber durchaus geeignet. Pferde besitzen die Fähigkeit zu unmittelbaren Reaktionen auf konkretes Verhalten, sie reagieren auf die Körpersprache, auf das nonverbale Verhalten des Menschen. Man erhält somit ein direktes und ehrliches Feedback, wie man mit analogen Kommunikationsformen auf andere wirkt, man lernt sich bewusst non-verbal mitzuteilen und analoge Kommunikationsformen zu reflektieren.

3.3 Zusammenfassung

Allgemein können Menschen Begegnungen mit Tieren helfen, sich bewusst nonverbal mitzuteilen, analoge Kommunikationsformen zu reflektieren um somit Sensibilität für die Mitmenschen im Alltag zu entwickeln (Vgl. Förster 2005, S. 25). Pferde verfügen in ihrem Verhaltensrepertoire über Eigenschaften, die für Menschen von großer Bedeutung sind. „Sie lassen uns erleben, dass durch würdige Behandlung und Einhalten einfacher Kommunikationsregeln die Möglichkeit besteht, miteinander Beziehungen aufzubauen, die auf Vertrauen basieren und gemeinschaftliche Flow-Erlebnisse möglich machen." (Gries 2005, S. 140f).

4 Konzeption eines Führungskräftetrainings mit Pferden

Die zentrale Fragestellung ist, ob sich die Arbeit mit Pferden eignet, entsprechende Fähigkeiten im Bereich sozialer Kompetenzen auszubauen und bestehende Defizite zu kompensieren. Können Führungskräfte durch die Arbeit mit Pferden ihr eigenes Verhalten besser reflektieren und somit ein besseres Führungsverständnis erreichen? Eine weitere Herausforderung ist nun, auf den bisherigen Ergebnissen der Arbeit eine mögliche Konzeption für ein Führungskräftetraining zu erarbeiten.

4.1 Bedeutung der Pferde im Bereich der Führungskräftetrainings

Das Pferd als Flucht-, Beute- und Herdentier lebt in einem sozialen Herdenverband mit klarer Hierarchiestruktur, angeführt von Leithengst und Leitstute. Droht Gefahr, setzt der Fluchtinstinkt der Pferde ein, sie laufen zunächst davon, um aus der Ferne die vermeintliche Gefahr zu beobachten. Das Fluchtverhalten kann durch ungewohnte Geräusche, schnelle, ruckartige Bewegungen oder Veränderungen eines Gegenstands in eigentlich bekanntem Umfeld ausgelöst werden. Bei Reitpferden, die in der Regel keinen natürlichen Feinden ausgesetzt sind, ist der Urinstinkt, es könne sich um ein Raubtier handeln, nach wie vor vorhanden, der Fluchtinstinkt hat sich aber auf zwei bis zehn Meter verkürzt. (Vgl. Geitner 2004, S. 30). Generell ist die Wahrnehmung der Pferde im Vergleich zum Menschen deutlich unterschiedlich. Pferde sind Beutetiere und nehmen jede kleinste Veränderung in ihrer Umgebung unmittelbar war. Michael Geitner (2004) beschreibt die unterschiedliche Denkweise von Mensch und Pferd folgendermaßen: „Pferde denken, fühlen und handeln so, wie sie als Flucht-, Beute- und Herdentiere müssen, nur so können sie ihre Existenz sichern. Sie wissen nicht, dass der Mensch mit einer anderen Wahrnehmung ausgestattet ist. (...) Unser Umgang mit diversen Situationen (z.B. wenn aus „pferdischer" Sicht Gefahr droht) ist für das Pferd absolut unverständlich, anstatt einer drohenden Gefahr aus dem Weg zu gehen oder zu flüchten, scheinen wir die Gefahrenquelle nicht einmal zu bemerken und bewegen uns zu allem Überfluss auch noch geradewegs darauf zu. Aus der Sicht der Pferde sind wir wahrscheinlich blinde, gehörlose Zweibeiner oder aber lebensmüde, bizarre Geschöpfe ohne (Pferde-)Verstand, die sich blindlings sämtlichen Gefahren unbedacht ausliefern." (ebd., S. 54).

Auch Menschen fühlen sich überwiegend in sozialer Gemeinschaft wohl. In Gruppen erfahren sie gegenseitiges Vertrauen, gegenseitige Unterstützung und Zugehörigkeit. Innerhalb einer Herde von Pferden gibt es immer wieder Kämpfe um die Rangordnung, es wird immer wieder von neuem getestet, wer die Herde anführen darf. Dabei ist nicht immer das Stärkste Leittier, sondern das, welches Führungsqualitäten aufweist, und Respekt und Vertrauen gegenüber den Herdenmitgliedern erreicht hat. Auch Gruppen von Menschen oder Teams weisen exakt definierte soziale Rollen auf, sie haben Erwartungen, wie sich der Einzelne zu verhalten hat. (Aronson et al. 2004, S. 355). Führungswechsel innerhalb einer Arbeitsgemeinschaft oder einem Team sind nicht selten. Auch bei Menschen sind Führungskräfte diejenigen, deren Führung von den Mitarbeitern akzeptiert wird. (Vgl. Osterhammel 2006, S. 16).

Auch kommt es innerhalb einer Herde vor, dass schwächere, rangniedrige Tiere von stärkeren, ranghöheren vom Futter verdrängt werden. Erst wenn das ranghohe Tier genug gefressen hat, dürfen sich die anderen wieder nähern. Auch bei diesem Verhalten ist eine Gemeinsamkeit zum Menschen herzustellen. „Im übertragenen Sinne ist dies auch bei Menschen der Fall, wo diejenigen Mitarbeiter, die eine scheinbar weniger wertvolle Tätigkeit ausüben, sich von den renommierten Kollegen oft nicht beachtet fühlen." (Osterhammel 2006, S. 16). Sowohl bei Pferden als auch bei Menschen ist zu beobachten, dass in solchen Situationen das Leittier bzw. die Führungskraft eingreift, um den Schwächeren zu mehr Anerkennung und Akzeptanz zu verhelfen.

Pferde reagieren unmittelbar auf die Körpersprache des Menschen, und „(...) sind Experten darin, Körpersprache und Körperausdruck zu interpretieren." (Kröger/ Uhl-Kutsch 2003, S. 53). Die Kommunikation zwischen Mensch und Pferd ist aufgrund unterschiedlicher Kommunikationsformen nicht immer einfach, aber auch Menschen reden oft aneinander vorbei, da sie unterschiedliche Wahrnehmungen ihrer Umwelt haben und Lebensbereiche aus verschiedenen Perspektiven betrachten. Beispielsweise machen sich Führungskräfte „...selbst das Leben schwer, wenn sie erwarten, dass ihre Mitarbeiter in denselben Situationen genauso reagieren wie sie selbst." (Osterhammel 2006, S. 17).

Die klassische Trainingsmethode von Pferden war früher rücksichtslos und gewaltsam und in vielen Ländern sehr lange in Gebrauch. Das Ziel war es mit dem sogenannten „Einbrechen", den Kampfwillen des Pferdes zu brechen: „Eine Technik bestand darin, dem Pferd die Beine zu fesseln. Dabei wurde meist ein Hinterbein so an Hals und Schultern hochgebunden, dass der Huf etwa 30 Zentimeter Abstand zum Boden hatte und es auf drei Beinen stehen musste. Der Sinn der Sache war, dass das Pferd so lange gegen die Fesseln ankämpfen würde, bis sein Wille gebrochen war; irgendwann würde es sich in seinem Schicksal ergeben (...)." (Roberts 2004, S. 25).

In der heutigen Zeit ist dieser Umgang mit Pferden verpönt, in vielen Ländern verboten. Eine andere, wesentlich wertvollere Art der Einreitmethode und Pferdführung wurde erkannt, die auf gegenseitigem Vertrauen und Respekt basiert. Auch die Art der Mitarbeiterführung hat sich im Laufe der Zeit geändert. Wurden Mitarbeiter früher oft autoritär geführt, ist der erfolgreiche Führungsstil nun partizipativ oder situativ angepasst. (Vgl. Osterhammel 2006, S. 19).

Pferde können grundsätzlich mit Gewalt dazu gezwungen werden, das zu tun, was man von ihnen fordert. Doch das Pferd wird unter Druck und Gewalt niemals die Höchstleistung bringen, die mit entgegengebrachtem Respekt und Vertrauen möglich wäre. Ein Pferd ohne Lebensfreude und Dynamik ist ein „totes" Pferd. Auch Menschen können Höchstleistungen erbringen, wenn sie dies freiwillig und mit Freude tun und dafür Anerkennung und Wertschätzung erfahren. (Vgl. ebd., S. 17). Fordert ein Unternehmen von seinen Mitarbeitern auf Dauer Aufgaben, die Grenzen ihrer Möglichkeiten übersteigen, sind oft Leistungsrückgang, Erschöpfung, Resignation bis hin zu physischen und psychischen Erkrankungen die Folge. Monty Roberts, amerikanischer Pferdtrainer und Schriftsteller beschreibt den Unterschied zwischen Engagement und Fügsamkeit sehr treffend: „Der Unterschied zwischen Fügsamkeit und Engagement ist der Unterschied zwischen der Entscheidung, nur so viel zu tun wie eben nötig, und der, so viel zu tun, das man Hervorragendes leistet." (ebd., S. 57).

Unterschiedliche Pferdetypen werden für unterschiedliche Disziplinen eingesetzt, nicht jedes Pferd eignet sich gleichermaßen als Therapie-, Reit-, Renn-, Spring- oder Dressurpferd. Abstammung, Ausbildung und Charakter sind unter anderem ausschlaggebend für den Erfolg eines Pferdes. Die Talente und Einsatzmöglichkeiten eines Pferdes zu erkennen erfordert hohes Einfühlungsvermögen und Erfahrung. Auch Führungskräfte sollten Fähigkeiten und Kompetenzen ihrer Mitarbeiter richtig erkennen, dementsprechend fördern und sie gezielt zu Höchstleistungen motivieren.

Betrachtet man diese Gemeinsamkeiten zwischen Menschen und Pferden, wird bereits deutlich, dass sich Pferde durchaus als Medium zu Führungskräftetrainings eignen (vgl. Osterhammel 2006, S. 55f):

- Sind nicht auch Menschen soziale Herdentiere, die vorwiegend in Gruppen leben und die sich nach einer Führungskraft sehnen, die natürliche Autorität ausstrahlt?
- Haben Führungskräfte nicht oft Probleme Mitarbeiter zu motivieren und etwas freiwillig zu tun?
- Ist der Grund vielleicht, dass Führungskräfte und Mitarbeiter nicht dieselbe Sprache sprechen?
- Sollte nicht die Führungskraft, als der Ranghöhere, die Sprache der Mitarbeiter erlernen und nicht umgekehrt?
- Werden von Mitarbeitern nicht oft Aufgaben verlangt, die ihre Kapazitäten überschreiten?
- Reagieren Führungskräfte gelegentlich mit zu viel Druck? Reagieren Mitarbeiter auf Druck nicht auch mit Gegendruck - so wie Pferde?

4.2 Bedeutende Aspekte und mögliche Ziele der Trainings

Bezugnehmend auf die vorangegangenen Ausführungen zu Führungskräftetraining, Kompetenzentwicklung und Coaching im Allgemeinen und zu den Lern- und Erfahrungsmöglichkeiten im Umgang mit Pferden soll im Folgenden dargestellt werden, inwieweit welche Kompetenzen mit Pferden erlernt oder verbessert werden können.

Am Beispiel des „biopsychosozialen Wirkungspanoramas hilfreicher Tiereffekte" nach Prof. Dr. Nestmann wurde bereits zu Beginn der Arbeit verdeutlicht, dass der Umgang mit Tieren zahlreiche positive Effekte bei Menschen hervorrufen kann und den menschlichen Organismus fördert. Durch den Einsatz von Pferden in der Therapie können gezielt medizinische Behandlungen unterstützt werden. Die Hippotherapie stellt dabei nicht nur eine physiotherapeutische Behandlungsmaßnahme auf neurophysiologischer Grundlage dar, sondern unterstützt zudem die Entwicklung von Basisfähigkeiten in Kommunikation, körperlicher Bewegung und sozialem Verhalten und fördert den Aufbau und die Stabilisierung von Selbstbewusstsein.

Im Zentrum des Kompetenzbegriffs steht das selbstorganisierte Handeln (vgl. Punkt 2.2.1). Nach der Kompetenzdefinition von Erpenbeck und Heyse (2007) umfasst in der Regel die Selbstorganisationsdisposition „Handlungen deren Ergebnisse aufgrund der Komplexität des Individuums, der Situation und des Verlaufs nicht oder nicht vollständig voraussagbar sind."
Bei Führungskräftetrainings mit Pferden ist sowohl die Komplexität des Individuums (Pferd an sich), der Situation und des Verlaufs gegeben, Ergebnisse sind daher nicht vollständig voraussagbar.

Im Umgang mit Pferden können sowohl Aspekte der Sozialkompetenz als auch Aspekte der Persönlichkeitskompetenz entwickelt und gefördert werden (vgl. Punkt 2.2.2):
Pferde verfügen in Ihrem Verhaltensrepertoire über Fähigkeiten und Eigenschaften, die das Training von sozialer Kompetenz unterstützen. Folgende Aspekte der bereits oben definierten Sozialkompetenz können mit Hilfe von Pferden trainiert werden:

- Wahrnehmungsfähigkeit
- Einfühlungsvermögen
- Kommunikationsfähigkeit

Im Umgang mit Pferden kann das eigene Wahrnehmungsverhalten trainiert werden. Pferde besitzen die Fähigkeit Verhalten der Menschen widerzuspiegeln, beispielsweise nehmen Pferde Unterschiede von innerer Absicht und äußerem Ausdruck im Verhalten des Menschen wahr (vgl. Punkt 3.2.1). Im Umgang mit Pferden können folglich Formen verzerrter Wahrnehmung deutlich und unter Umständen korrigiert werden. (Vgl. Vernooij/ Schneider 2008, S. 113). Pferde reagieren auf leichte Konzentrationsabweichungen. Daher kann man sich die Fragen stellen: Bin ich konzentriert bei der Arbeit? Wie reagiert das Pferd auf Konzentrationsabweichungen? Da das Feedback der Pferde unmittelbar erfolgt, kann man diese Verhaltensreaktionen sofort wahrnehmen und seine Wahrnehmungsfähigkeit trainieren. Diese Ergebnisse (negative Reaktion auf Konzentrationsabfall) können auf den beruflichen Alltag übertragen werden. Weiterhin lernt der Mensch eigene und fremde non-verbale Signale und deren Bedeutung sensibler und aufmerksamer wahrzunehmen. (Vgl. Truckbrodt/ Fiegler, S. 54f).

Die Arbeit mit Pferden erfordert Aufmerksamkeit, Respekt und Vertrauen, man muss in der Lage sein sich in andere Lebewesen hineinzuversetzen. Sie ermöglicht unterschiedliche Erfolgserlebnisse, man muss kleinste non-verbale Signale des Pferdes wahrnehmen und sensibel darauf reagieren. Dadurch kann das Einfühlungsvermögen verbessert werden.

Wie bereits ausführlich erläutert kann mit Pferden die Kommunikationsfähigkeit verbessert werden. So besitzen Pferde zum einen die Fähigkeit Verhalten der Menschen widerzuspiegeln und zum anderen die Fähigkeit zur unmittelbaren Reaktion auf konkretes Verhalten. Im Umgang mit Pferden können analoge Ausdrucksformen erlernt und angewandt werden, man kann sich die Frage stellen: Bin ich in der Lage mich non-verbal mitzuteilen? Mit Hilfe des Pferdes können hinderliche Verhaltensmuster aufgedeckt bzw. erkannt werden, der körperlichen Ausdruck und die persönliche Ausstrahlung verbessert werden und eine Kongruenz zwischen verbaler und nonverbaler Kommunikation, also zwischen innerer Absicht und äußerem Ausdruck, erreicht werden. Eine weitere Möglichkeit ist die Verbesserung der Akustik, indem man die Frage „bin ich ruhig in meinen Bewegungen oder eher hektisch und laut?“ reflektiert.

Neben den sozialen Kompetenzen können auch folgende der bereits definierten Persönlichkeitskompetenz trainiert werden:

- Selbstreflexionsbereitschaft
- Bereitschaft zur Selbstentwicklung

Das Erkennen von eigenen Stärken und Schwächen durch Erfahrung im Umgang mit Pferden und durch anschließendes Coaching kann die Selbstreflexionsbereitschaft stärken. Die Rückmeldung des Pferdes ist hilfreich, um das eigene Handeln transparent zu machen. Im Umgang mit Pferden kann man lernen sein eigenes Selbstvertrauen und somit seine eigene Entwicklung zu stärken. Hendrich (2003) nennt dazu folgendes Beispiel: „Feedback über Vertrauen und Glaubwürdigkeit gibt es nirgends so prompt und so direkt wie vom Partner Pferd. Wer Vertrauen vom Pferd bekommen will, muss erst ein glaubwürdiges Angebot mit eigenem Selbstvertrauen und mit Bereitschaft zum Risiko machen. Die erste Hürde ist dazu für manche schon die Angst, ungeschützt zu diesem großen Tier in die Koppel zu gehen, das noch dazu ungestüm oder nervös auf und abläuft.“ (Hendrich 2003, S. 94).

Ist man in der Lage zwischen sich und dem Pferd eine respektvolle und gleichzeitig vertrauensvolle Atmosphäre zu schaffen und sich dem Pferd gegenüber zu positionieren, kann dies zu einer Verbesserung der Wirkungskraft und einer Stärkung des Selbstwertgefühls führen. Aufgrund der Erfahrung vom Pferd akzeptiert zu werden wird die Wahrscheinlichkeit erhöht, in der Interaktion mit dem Pferd Gelerntes auch auf berufliche und persönliche Situationen zu übertragen.

Vor dem Hintergrund von Führungskräftetrainings mit Pferden können mehrere Komponenten der bereits angeführten Kompetenzfelder (vgl. Punkt 2.2) gefördert werden. Da diese Komponenten nach herrschender Meinung nicht unmittelbar bestimmten Kompetenzfeldern zugeordnet werden können, werden in folgender Tabelle, die für Trainings mit Pferden relevanten Komponenten – bezugnehmend auf oben stehende Ausführungen nach Erpenbeck, Becker, Regnet, Bastians/Kluge – genannt:

Kompetenzfelder	**Autor**
- Einfühlungsvermögen - Kommunikationsfähigkeit - Bereitschaft zur Selbstentwicklung - Selbstreflexionsbereitschaft - Glaubwürdigkeit	Erpenbeck/ Heyse (2007) *vgl. Punkt 2.2.2*
- Persönliche Ausstrahlung - Kommunikationsfähigkeit - Motivationsfähigkeit - Führungsverantwortung - Führungsverhalten - Überzeugungskraft/ Durchsetzungsvermögen	Becker (2005) *vgl. Punkt 2.2.3*
- Fähigkeit andere zu motivieren - Kommunikationsfähigkeit	Regnet (2003) *vgl. Punkt 2.2.3*
- Soziale Wahrnehmungskompetenzen - Eigenes Selbst- und Stimmungsmanagement	Bastians/Kluge (1998) *vgl. Punkt 2.2.4*

Abb. 15: Kompetenzfelder für Trainings mit Pferden

In Punkt 2.2 wurden einige wichtige Ergebnisse des Forschungs- und Entwicklungsprogramm „Lernkultur Kompetenzentwicklung" von Bergmann et al. (2006) dargelegt: „Besonders das praktische Erleben, experimentieren und Ausprobieren dient dem effektiven Kompetenzerwerb" ebenso ein Wechsel von „Impuls, Erprobung und Reflexion".
Im Folgenden soll gezeigt werden, anhand welcher Übungen mit Pferden die genannten Komponenten von Kompetenz ausgebildet werden können. Dabei sollen vorangegangene Ausführungen zu Führungskräftetrainings im Allgemeinen mit berücksichtigt werden, ebenso vorangegangene Ausführungen zu Outdoor-Trainings, Kompetenzentwicklung und Coaching beachtet werden.

4.3 Planung und Vorbereitung der Trainings

Um eine Führungskräftetraining mit Pferden durchzuführen bedarf es zunächst genauer Planung und diversen Vorbereitungen, so müssen naturgemäß ideale äußere Rahmenbedingungen zur Verfügung stehen. Dies schließt eine Reithalle bzw. einen abgeschlossenen Reitplatz und einen separaten Raum für die jeweils an die Übungen anschließenden Reflexionsphasen mit ein.
Wichtige Voraussetzung für ein Training stellen die Pferde an sich dar, wichtig ist dabei nicht Rasse oder Geschlecht, vielmehr der Umgang und die Haltung der Pferde. „Pferde, die verständnisvoll und partnerschaftlich eingeritten, trainiert oder ausgebildet werden, haben keinen Grund sich gegen den Menschen zu wenden, oder sich unter Angst den zuweilen unverständlichen Aktionen oder Reaktionen des Menschen zu widersetzen.“ (www.andreakutschakademie.de). Die Haltung soll natürliches Herdenverhalten der Pferde ermöglichen und fördern, da gerade die natürlichen instinktiven Verhaltensweisen der Pferde im Führungskräftetraining von großer Bedeutung sind. Wichtig ist auch, dass vorwiegend nervenstarke Pferde in Trainings eingesetzt werden, da der Umgang mit vielen verschiedenen Menschen für sensible Pferde durchaus belastend sein kann.

Weiterhin ist das Kompetenzprofil des Trainers von entscheidender Bedeutung. Der Trainer muss fundierte Erfahrungen im Umgang mit Pferden haben und gleichzeitig tiefgreifende Erfahrungen im Bereich Coaching von Führungskräften. Dies beinhaltet die oben genannten, auf den spezifischen Coachingbedarf abgestimmten Kompetenzfelder, sowie Erfahrungen mit den verschiedenen Wahrnehmungspositionen. Die Coachingerfahrung des Trainers ist allein deswegen unerlässlich, da dieser durch die initiierten Reflexionsphasen die Teilnehmer zur Übertragung der erlernten Inhalte in den beruflichen Alltag anregen muss. Selbsterklärend sind die Kenntnisse im Umgang mit Pferden, da das Training zum einen ohne solche nicht stattfinden kann, zum anderen muss während des Trainings auch die Sicherheit der Teilnehmer gewährleistet sein.

Generell sollten zur Optimierung des Trainingsdesigns eine Reihe von Vorüberlegungen angestellt werden, die anhand folgender Tabelle gegliedert nach Planungsschritten und deren Inhalten gezeigt werden (vgl. Gries 2004, S. 138):

Planungsschritte	Planungsinhalte
Teilnehmerorientierung	- Erfragen der persönlichen Hintergründe der Teilnehmer bzgl. Führung und Pferdekenntnissen - Berücksichtigung der theoretischen und praktischen Vorerfahrungen
Herausforderungen des Trainings	- Abstimmung der Übungen zur Vermeidung von Überforderung der Teilnehmer - Berücksichtigung der individuellen Erfahrungen der Teilnehmer mit Pferden
Mögliche Probleme/ Reaktionen	- Welche Probleme könnten im Verlauf des Trainings auftreten (Ängste der Teilnehmer, Probleme mit Pferden). - Wie kann darauf innerhalb des Trainings reagiert bzw. darauf eingegangen werden
Sinnvolle Ablaufregeln	- Sicherheitsaspekte im Umgang mit Pferden - Gewährleistung eines reibungslosen Seminarablauf
Gedankliche Intensivierung	- Offenheit und Flexibilität von Trainer und Teilnehmer - Berücksichtigung unerwarteter Ereignisse im Verlauf des Trainings, Verlauf der Trainings teils abhängig von der Kooperation der Pferde
Wechsel Übung-Reflexion	- Gestaltung der einzelnen Übungen und Reflexionsphasen, um einen Wissenstransfer zu ermöglichen
Erstellung des Zeitplans	- Agenda für die Teilnehmer, sinnvolle zeitliche und thematische Ablaufplanung der Übungen

Abb. 16: Planungsschritte und Planungsinhalte

Sind diese Vorüberlegungen abgeschlossen kann nun eine detailierte Konzeption eines Trainings erstellt werden. Hierbei ist insbesondere darauf zu achten, dass die einzelnen Übungen beziehungsweise deren konkrete Einführung und Ausgestaltung von der Teilnehmerorientierung abhängig sind. Darüber hinaus können die Planungen der einzelnen Reflexionsphasen nicht ausdetailiert werden. Dem Trainer stellt sich dabei die Herausforderung, diese abhängig vom Verlauf der Übungen und den Teilnehmern zu gestalten.

4.4 Aufbau des Trainings

Folgende Tabelle zeigt einen idealtypischen Ablauf eines Führungskräftetrainings, gegliedert nach Inhalt Übungen und möglichen Trainingszielen bezugnehmend auf die oben genannten Kompetenzfelder. Dabei ist darauf zu achten, dass die oben genannten Unwägbarkeiten (Teilnehmerorientierung, mögliche Probleme/ Reaktionen), die Gestaltung der Übungen und Reflexionsphasen sowie deren zeitlichen Vorgaben beeinflussen und diverse Änderungen hervorrufen können.

Das Training sollte idealerweise an zwei aufeinanderfolgenden Tagen stattfinden, wobei sich der Aufbau des Trainings nach den Ausführungen zu Outdoor-Trainings (Aktion – Reflexion – Transfer; vgl. Punkt 2.1.3) richtet. „Nach erfolgter Aktion findet stets eine gemeinsame Reflexion statt; man spricht beispielsweise darüber, wie man mit der Aufgabe umgegangen, was gut und was weniger gut gelaufen ist, welche Stärken und Schwächen deutlich geworden sind, wie der Einzelne agiert und wie man sich als Team verhalten hat. Man gelangt so zu neuen Erkenntnissen und Erfahrungen und setzt diese in den Folgeübungen ein.“ (Strasmann 2006, S. 344).

1. Tag		
Ablauf	**Inhalt**	**Ziel**
09.00 Uhr – 09.45 Uhr	***Einstieg:*** Vorstellungen, Erwartungen, Seminarablauf	Gegenseitiges Kennenlernen Vertrauen und Offenheit
09.45 Uhr – 10.15 Uhr	***1. Übung:*** Beobachten und Beurteilen	Wahrnehmungsfähigkeit/ soziale Wahrnehmungskompetenzen
10.15 Uhr – 11.15 Uhr	***Reflexionsphase:*** Seminarhintergrundinformationen	Eigenes Selbst- und Stimmungsmanagement Sammeln neuer Erkenntnisse
11.15 Uhr – 13.00 Uhr 14.30 Uhr – 16.00 Uhr	***2. Übung:*** Führen durch Vertrauen	Konzentrationsfähigkeit Kommunikationsfähigkeit, Persönliche Ausstrahlung, Glaubwürdigkeit, Führungsverhalten
16.00 Uhr – 17.00 Uhr	***Reflexionsphase:*** Feedback der Teilnehmer untereinander	Sammeln neuer Erkenntnisse
Ab 17 Uhr	***Ausklang des ersten Tages***	Austausch der Erfahrungen

Abb. 17: Ablaufplan Teil I

2. Tag		
Ablauf	**Inhalt**	**Ziel**
09.00 Uhr – 10.00 Uhr	***Einstieg*** Weiterer Seminarablauf	Austausch
10.00 Uhr – 12.00 Uhr	***3. Übung:*** Positionierung	Kommunikationsfähigkeit, persönliche Ausstrahlung Glaubwürdigkeit
12.00 Uhr – 13.00 Uhr	***Reflexionsphase:*** Feedback der Teilnehmer untereinander	Sammeln neuer Erkenntnisse
14.30 Uhr – 16.00 Uhr	***4. Übung:*** Join- up, Follow up Videoaufzeichnung	Motivationsfähigkeit Überzeugungskraft Durchsetzungsvermögen Persönliche Ausstrahlung Kommunikationsfähigkeit Führungsverantwortung
14.30 Uhr – 16.00 Uhr	***Reflexionsphase:*** Feedback der Teilnehmer untereinander Videoanalyse, Gespräche	Sammeln neuer Erkenntnisse
16.00 Uhr – 18.00 Uhr	***Abschluss:*** Seminarerfahrungen, Terminvereinbarung für ein persönliches Coachinggespräch	Individueller Wissenstransfer für den Unternehmensalltag

Abb. 18: Ablaufplan Teil II

Zu Beginn des Trainings liegt es zunächst nahe, eine Vorstellungsrunde der Teilnehmer untereinander zu initiieren (beispielsweise welche Position der Teilnehmer inne hat, welche Probleme er bei der Wahrnehmung seiner täglichen Führungsaufgaben sieht und welche Erfahrungen er im Umgang mit Pferden besitzt). Dies dient insbesondere der Herstellung einer Vertrauensbasis untereinander, geht man davon aus, dass die Teilnehmer (gegebenenfalls aus verschiedenen Organisationen stammen) die nächsten beiden Tage miteinander verbringen, sich gegenseitig mit Lösungsvorschlägen während der Aufgaben und bei auftretenden Problemen unterstützen können und sich gegenseitig Feedback geben. Außerdem sollten an dieser Stelle die Erwartungen und Befürchtungen der Teilnehmer abgefragt werden. Diese Vorgehensweise fördert Vertrauen und Offenheit, da sie Hoffnungen und Wünsche sowie Spannungen und Ängste der Teilnehmer aufnehmen kann und sie eignet sich auch, an dieser Stelle bereits auf die Regeln im Umgang mit Pferden hinzuweisen und diese zu erläutern. Auch wird der Ablauf des Trainings vorgestellt. Hier werden bereits die grobe Zeiteinteilung des Trainings und die jeweiligen Übungen genannt, so dass sich die Teilnehmer auf die an sie gestellten Anforderungen einstellen können.

In den folgenden Abschnitten werden die einzelnen Phasen und Übungen aus dem Ablaufplan näher beschrieben.

4.4.1 Beobachten und Beurteilen

Nach dieser Einführung kann die erste Übung mit den Pferden als Trainingspartnern bereits beginnen. Dabei findet noch keine Kontaktaufnahme mit den Pferden statt, vielmehr wird eine kleine Herde in die (falls vorhanden) Reithalle gebracht – sollte keine Halle zur Verfügung stehen, kann auch ein abgegrenzter Reitplatz genutzt werden – ohne sie dabei zu führen oder zu begleiten.
Das Ziel dieser Übung ist es, die Wahrnehmungsfähigkeit im Sinne sozialer Wahrnehmungskompetenzen (vgl. Bastians/ Kluge, Punkt 2.2.4) zu fördern und zu stärken.
Die Aufgabe der Teilnehmer besteht darin, die Herde als Ganzes zu beobachten und einzelne Positionen der Pferde zu erkennen. Diese Beobachtungsphase dauert in etwa eine halbe Stunde. Besonders sollte dabei zum einen auf das Sozialverhalten und zum anderen auf die non-verbale Kommunikation der Pferde geachtet werden. Diese Beobachtungen werden in der darauf folgenden Reflexion genannt, darauf aufbauend kann an dieser Stelle der Input bezüglich Kommunikationsformen erfolgen.

Die anschließende Reflexion dient dazu, die Beobachtungen, Stimmungen und Emotionen der Teilnehmer abzufragen und detailiert zu erörtern. Ziel hierbei ist es, eigene Ansichten zu reflektieren, Stimmungen und Emotionen wahrnehmen und ausdrücken zu können. (Vgl. Selbst- und Stimmungsmanagement nach Bastians/ Kluge, Punkt 2.2.4).
An dieser Stelle folgen Informationen des Trainers bezüglich Verhaltensweisen und Kommunikationsformen der Pferde. Den Teilnehmern wird verdeutlicht, warum sich Pferde als Medium für Führungskräftetrainings dadurch eignen, dass sie Flucht- und Herdentiere sind, die einer Leitfigur der Herde folgen und ihr Verhalten auf diese ausrichten, was ein ähnliches soziales Gefüge wie die Hierarchie einer Organisation darstellt. Pferde ordnen sich demjenigen unter, der aufgrund seiner Charaktereigenschaften zur Führung befähigt ist. Überdies kann man den Teilnehmern anhand dieser Übung erläutern, dass Pferde ihre Umwelt sehr genau und sensibel beobachten. Auf diese Weise können sie kleinste Signale und Veränderungen des Umfelds wahrnehmen und sofort darauf reagieren.

Außerdem können anhand der gemachten Beobachtungen die (in dieser Arbeit vorliegenden) Ausführungen zu Kommunikation nach Watzlawick erklärt und in diesem Zusammenhang auf die Unterschiede zwischen analoger und digitaler Kommunikation sowie die Bedeutung non-verbaler Sprache eingegangen werden.

4.4.2 Führen durch Vertrauen

Die folgende Übung bedeutet für die Teilnehmer die erste Kontaktaufnahme mit den Pferden. Dabei gliedert sich diese Übung in fünf Einheiten, die in ihrer Abfolge aufeinander aufbauen:

- Führen am Halfter mit Strick;
- Führen mit Hindernissen;
- Führen mit Hindernissen ohne Halfter und Strick;
- Gleichzeitiges Führen von zwei Pferden;
- Führen an einer Doppellonge;

Diese fünf Übungen werden im Folgenden beschrieben:
Das Führen am Halfter mit Strick dient, wie eingangs bereits beschrieben, der ersten Kontaktaufnahme. Dabei führen die Teilnehmer die Pferde beliebig durch die Halle, wobei hier bereits Wendungen eingebaut werden, welche die Aufmerksamkeit der Pferde erfordern. Für die Teilnehmer hat dies zum Ziel, eine gemeinsame Kommunikationsebene mit den Pferden zu finden. So ist es für diese Übung erforderlich, die Aufmerksamkeit der Pferde zu erlangen. Pferde folgen den Leittieren vor allem aus Echtheit und Klarheit der Persönlichkeit, dementsprechend müssen sich die Teilnehmer bereits an dieser Stelle gegenüber den Pferden positionieren. (Vgl. Gries 2004, S. 150).

In einem zweiten Schritt werden die Pferde mit Halfter und Strick mit verschiedenen Hindernissen (Slalom, Richtungswechsel, Planen und Stangen auf dem Boden, etc.) geführt. Ziel ist es, Konzentrationsfähigkeit, Wahrnehmungsfähigkeit und Kommunikation der Teilnehmer zu schulen. Sind Teilnehmer bei dieser Übung nicht konzentriert, nützen die Pferde diese Gelegenheit und bestimmen ihre eigenen Gehrichtungen und Tempi oder bleiben gegebenenfalls auch einfach stehen. Daher wird an dieser Stelle auch deutlich, dass „... auch das Halten der Pferde an der kurzen Leine nicht dazu führt, dass das Pferd folgt." (Gries 2004, S. 166).

Darauf aufbauend werden die Pferde ohne Halfter und Strick mit den verschiedenen Hindernissen geführt. Halfter und Strick werden bei dieser Übung abgenommen, so dass die Pferde den Teilnehmern ohne Körperkontakt folgen. Anhand dieser Übung soll den Teilnehmern bewusst gemacht werden, dass Pferde nur dann folgen, wenn „...ihre (gemeint sind Teilnehmer; Anm. d. Verf.) innere Absicht mit ihrem äußeren Tun übereinstimmt.“ (Gries 2004, S. 166). Die innere Einstellung der Teilnehmer muss hierbei glaubwürdig gegenüber den Pferden zum Ausdruck gebracht werden, erreicht werden kann dies durch überzeugende non-verbale Kommunikation. Körpersprache und gesprochene Sprache müssen kongruent sein. Ebenso ist an dieser Stelle klares Auftreten der Teilnehmer von hoher Bedeutung, die Konzentration muss klar auf die Pferde gerichtet sein.

An diese Übung anschließend werden nun pro Teilnehmer zwei Pferde, allerdings wiederum mit Halfter und Strick, geführt. Dabei wird die Anforderung zusätzlich erhöht, indem der Trainer zwei Pferde möglichst unterschiedlichen Charakters auswählt. Die Implikationen dieser Übung liegen dementsprechend auf der Hand, so kann dies mit alltäglichen Führungsaufgaben verglichen werden. Jede Führungskraft hat unterschiedliche Mitarbeiter, die sie mit Hilfe des persönlichen Führungsverhaltens auf gemeinsame Ziele ausrichten muss.
Anhand dieser Übung wird das Führungsverhalten der einzelnen Teilnehmer ersichtlich. Die Differenzen der Charaktere fordern die gesamte Aufmerksamkeit und Konzentration der Teilnehmer. Ist beispielsweise das Schritttempo eines Pferdes langsamer als das des anderen Pferdes, so muss der Teilnehmer erneut versuchen, durch klares Auftreten und Hinwendung einhergehend mit eindeutiger, non-verbaler Kommunikation diese Situation zu lösen und die Pferde zu führen.

Die letzte Übung zu diesem Bereich ist das Führen der Pferde an der Doppellonge. Eine Doppellonge besteht aus zwei Longen, die den Pferden seitlich am Halfter befestigt werden. Dementsprechend hat der Teilnehmer zwei Longen in der Hand, mit denen er das Pferd von hinten zielorientiert führen kann. Impliziert wird dabei das Führen aus dem Hintergrund, die Konzentration muss wiederum auf die Pferde gerichtet werden, Zielbewusstsein der Teilnehmer muss vorhanden sein. Auch hierbei wird wiederum das Führungsverhalten gezeigt und trainiert.

Nach dieser – in fünf Übungen gegliederte – Aufgabe schließt sich eine eingehende Reflexionsphase an, wobei diejenigen Erfahrungen und Erkenntnisse erörtert werden können, die im Training entstanden sind. Da die Teilnehmer bereits während der Übungen ein direktes, unmittelbares und ehrliches Feedback der Pferde erhalten, wie sie mit ihren non-verbalen Kommunikationsformen und ihrem Auftreten wirken, kann dieses Feedback in der Reflexionsphase nochmals aufgegriffen und vertieft werden.

4.4.3 Positionierung

Zentraler Aspekt dieser Übung ist das Bewahren der eigenen Position und die Standhaftigkeit. Weiterhin sind hierbei Führungsübungen mit Geschwindigkeitskontrolle enthalten und das Longieren der Pferde an einem langen Strick aus der Position heraus. Die Teilnehmer stehen dabei einzeln im Mittelpunkt eines Round Pen (runder, eingezäunter Platz mit einem Durchmesser von circa 12 – 16 Meter) und geben den Pferden zu verstehen, dass diese sich um sie herum bewegen sollen. Die Pferde werden darauf nur reagieren, wenn die Teilnehmer ihre Position in der Mitte durch klare Körpersprache, Glaubwürdigkeit und persönliche Ausstrahlung bewahren. Dies ist zugleich Ziel dieser Übung. Außerdem soll anhand dieser Übung die Frage geklärt werden, ob die Position, die man gegenüber dem Pferd erlangt, übertragbar ist auf die Position im Führungsalltag. So ist davon auszugehen, dass Führungskräfte, die sich anhand ihrer Körpersprache gegenüber dem Pferd positionieren konnten, dies auch in ihrem Führungsalltag gegenüber ihren Mitarbeitern schaffen. Diese Übung ist innerhalb des Trainings am besten dazu geeignet, das persönliche Auftreten zu reflektieren und positiv zu entwickeln.

In der anschließenden Reflexionsphase werden mit den Teilnehmern die individuellen Ausprägungsgrade der Zielerreichung diskutiert. Die Pferde geben durch ihr Verhalten während der Positionierung direktes und unmittelbares Feedback bezüglich der persönlichen Ausstrahlung der Teilnehmer. Daher ist auch Aufgabe des Trainers, die Ergebnisse sensibel zu kommunizieren. „Der soziale und unternehmensinterne Status der Führungskraft wird von dem Pferd weder eingeschätzt noch in irgendeiner Form berücksichtigt. Pferde lassen sich nicht von einer Wirkung blenden, sondern reagieren sehr empfindlich auf die Körpersprache und andere authentische Signale der Führungskraft. Dies vermittelt der Führungskraft ein Spiegelbild des eigenen Auftretens, wie sie es in der Berufspraxis sonst selten erhält, und gibt ihr die Chance darüber nachzudenken, das eigene Verhalten zu ändern und dann neue Erkenntnisse zu gewinnen.“ (Terhaar 2007, S. 60). Das Feedback der Teilnehmer erfolgt idealerweise auch untereinander in einer offenen Runde.

4.4.4 Join-up/ Follow-up

Das von Monty Roberts begründete „Join-up“[8] ist eine „gewaltlose Methode, mit dem Pferd zu kommunizieren und eine Beziehung zu ihm herzustellen.“ Sie baut auf der Erkenntnis auf, „... dass das Pferd immer die Wahl haben muss, ob es kooperieren will oder nicht.“ (Roberts 2000, S. 15f). Für das Join-up macht man sich die Tatsache zunutze, dass Pferde Fluchttiere sind. Man kommuniziert non-verbal, versucht im Gegenzug die Zeichen und Reaktionen der Pferde zu erkennen und ihre natürlichen Verhaltensweisen zu respektieren. (ebd.).
Eingangs wird diese Übung den Teilnehmern erklärt und aufgrund der hohen Komplexität vorgeführt.
Bei dieser Übung steht ein Teilnehmer, ähnlich der Positionierung, wiederum im Mittelpunkt des Round Pen und schickt das Pferd zunächst mit Hilfe einer kleinen Fahne von sich, um den Fluchtinstinkt des Pferdes zu wecken, das Pferd muss nun immer in Bewegung bleiben. Dabei soll der Teilnehmer auf die Kommunikationssignale achten, die das Pferd aussendet und daraufhin in angemessener Art und Weise und im richtigen Moment reagieren. Gelingt dies den Teilnehmern, gelingt auch das „Join-up“ mit dem Pferd.
An diese Übung schließt direkt das „Follow-up“ an. Hat das Pferd Vertrauen in den Teilnehmer als Leitfigur gefasst, ist es auch bereit, ihm ohne Körperkontakt zu folgen. Aufgrund seiner Position kann sich der Teilnehmer nun vom Pferd abwendend und die Richtung vorgeben. Hat er aufgrund seiner Körpersprache und seines persönlichen Auftretens vollends das Vertrauen, wird ihm das Pferd folgen und mit ihm gemeinsam gehen, Richtungswechsel mit eingeschlossen.

Bei der Reflexion wird dann daraufhin gewiesen, ob die Lernziele dieser Übung, Motivationsfähigkeit, Überzeugungskraft, Durchsetzungsvermögen, Kommunikationsfähigkeit und Führungsverantwortung, erreicht werden konnten. Auch Gries (2004) weist auf die Bedeutung dieser Übung hin und nennt dabei als Lernziele die Aspekte Kontakt- und Vertrauensaufbau, Herstellung und Pflege von Beziehungen, Deutung von unbekannten Zeichen, Eingehen auf Andere, um Ziele zu erreichen, und Herstellen einer Balance zwischen Druck und Vertrauen. (Vgl. Gries 2004, S. 173). Üben die Teilnehmer auf die Pferde zu viel Druck aus und erkennen die Signale nicht, die das Pferd sendet um zu kooperieren, werden diese nicht folgen und dem Druck ausweichen. Auch die Mitarbeiter weichen tendenziell zu viel Druck aus, fehlt die Vertrauensbasis, so fehlt auch die Motivation. Dementsprechend ist kein eigenmotiviertes Handeln möglich, wenn der Druck für die Mitarbeiter zu groß ist.

[8] Vgl. hierzu www.montyroberts.com

Die Konzeption des Trainings sieht vor, diese Übung mit Videoaufnahmen zu begleiten, die bei der Reflexion genutzt werden können, um das bewusste Erleben der persönlichen Wirkung zu stützen.

Dieser umfassenden Reflexion folgt der Abschluss des Trainings. Hier werden unter den Teilnehmern Erfahrungen des Trainings ausgetauscht und mit jedem einzelnen Teilnehmer ein persönlicher Coachingtermin vereinbart.

4.4.5 Individuelles Coachinggespräch

Im Vorfeld dieses Termins sollten sich die Teilnehmer nochmals überlegen, welche Faktoren des Trainings für sie relevant sind und welche Konsequenzen sie daraus für ihren Führungsalltag ziehen wollen.

Das Coachings im Rahmen eines Führungskräftetrainings mit Pferden ist generell von großer Bedeutung, da ein Wissenstransfer in den Unternehmensalltag erfolgen soll. Der Trainer soll dabei, basierend auf den jeweiligen Erkenntnissen über die Teilnehmer (aus Vorüberlegungen und Vorstellungen), Hilfestellung leisten, relevante Aspekte und Erfahrungen des Trainings in den Arbeitsalltag zu übertragen. Dabei sollte der Coach den Transfer nicht selbst für die Teilnehmer leisten, er sollte diesen lediglich Denkanstöße geben (Vgl. www.horsedream.de).

Dieses Coachinggespräch scheint sinnvoll, da das dreifache Feedback, welches die Teilnehmer bereits während des Trainings erhalten haben – durch Pferde, durch Teilnehmer untereinander und durch Rückmeldungen des Trainers – auf diese Weise nochmals bekräftigt und verstärkt wird. Dadurch kann auch die Nachhaltigkeit der Trainings gewährleistet werden. Zur weiteren Sicherung des Lerntransfer wird hier nochmals eingehend die Videoanalyse besprochen und dem Teilnehmer zur Dokumentation überlassen.

Bei Bedarf können die Coachingtermine wiederholt werden um auf diese Weise die Umsetzung der erlernten Inhalte zu sichern und eine abschließende Evaluation, gemäß des idealtypischen Coachingprozesses (Punkt 2.3.2), zu ermöglichen.

5 Resümee

Anhand der vorliegenden Arbeit wurde die Fragestellung bearbeitet, ob Kompetenzentwicklung im Rahmen von Führungskräftetrainings mit Pferden möglich ist. Dazu wurden in einem ersten Schritt relevante Aspekte von Führung und Führungskräftetrainings, von Kompetenz und Kompetenzentwicklung sowie von Coaching gegeben, erläutert und diskutiert. Daran anschließend wurden, um den theoretischen Rahmen zu bilden, in einem zweiten Schritt die psychologischen Grundlagen der Erlebnispädagogik mit Pferden dargelegt, zum einen in Hinblick auf tiergestützte Intervention, zum anderen durch Bedeutungsklärung der Pferde für die Menschen.

Innerhalb dieses theoretischen Rahmens wurde eine Konzeption für ein Führungskräftetraining mit Pferden erarbeitet. Dabei wurde die Eignung von Pferden für ein solches Training herausgearbeitet, bedeutende Aspekte und Ziele wurden genannt. Anschließend wurde ein konkretes Konzept erstellt, wobei die Übungen beispielhaft ausgeführt und auf die relevanten Kompetenzaspekte bezogen wurden.

Im Folgenden werden die Ergebnisse zusammengefasst, das Konzept wird einer kritischen Betrachtung unterzogen und darauf aufbauend ein Ausblick gegeben.

5.1 Zusammenfassung der Ergebnisse

Aufgrund der theoretischen Ausführungen und der oben gegebenen Konzeption kann Folgendes festgehalten werden:
Anhand von Führungskräftetrainings mit Pferden können sowohl Aspekte sozialer als auch persönlicher Kompetenz entwickelt bzw. verstärkt werden. Beispielsweise sensibilisiert die Zusammenarbeit mit Pferden die Teilnehmer in Bezug auf gegenseitigen Respekt und aufmerksames Beobachten der Gegenüber. Außerdem wird durch diese Art von Trainings, da Pferde auf unbewusste Signale und auf non-verbale Kommunikation reagieren, erlernt, die Kommunikation zu präzisieren und klarer zu strukturieren. Die Teilnehmer lernen, ihre Führungsfähigkeiten zu erkennen und zu reflektieren und daraufhin auch zu verbessern, sichere Entscheidungen zu treffen bzw. vorzugeben und sich authentisch zu präsentieren, was auch mit einem Training des Durchsetzungsvermögens einhergeht.
Weiterhin werden alle Teilnehmer geschult, ihre Umwelt sensibel und aufmerksam zu beobachten und sich auf Situationen einzulassen, vor denen im Vorfeld großer Respekt bestand.

Zentraler Bestandteil dieser Trainings mit Pferden ist, die persönliche Wirkungsweise auf andere zu erfahren und zu reflektieren. Differenzen bezüglich Selbst- und Fremdbild werden erkennbar, zudem wird mit der Hilfe von Pferden die persönliche Wirkung als Führungskraft direkt und unmittelbar widergespiegelt. Durch diese Vielzahl von Erfahrungen bezüglich des eigenen Verhaltens scheint es dadurch möglich und wahrscheinlich, dass durch die Reflexionen Verhaltensänderungen bewirkt werden können.

5.2 Kritische Betrachtung

Wie im Verlauf der Arbeit bereits festgestellt wurde, ist ein zentraler Aspekt der Erlebnispädagogik, das eigene Handeln und Erleben zu nutzen, um die eigene Persönlichkeit und die eigenen Kompetenzen weiter zu entwickeln. Dies scheint mit der Hilfe von Pferden problemlos möglich. Durch das Erleben der Pferde, einhergehend mit dreifachem Feedback, scheint zudem auch der Transfer der erlernten Inhalte in die berufliche Praxis, und somit die Nachhaltigkeit des Trainings, gegeben. Betrachtet man beispielsweise die Tatsache, dass viele Lerninhalte in Bezug auf oben angeführte Kompetenzen in diversen Seminaren erlernt werden können, so können Trainings mit Pferden dennoch in ihrer Wirkungsweise davon unterschieden werden. Mit Pferden kann man die Lerninhalte tatsächlich erfühlen, man kann die Erlebnisse direkt umsetzen und daher sofort erkennen, was mögliche Verhaltensänderungen bewirken bzw. welche Konsequenzen diese Verhaltensänderungen nach sich ziehen.

Kritisch zu betrachten ist hingegen, dass sich Trainings mit Pferden naturgemäß nicht für jede Führungskraft gleichermaßen eignen. So sollte zumindest ein kleiner Bezug zu Tieren gegeben sein, damit die Erfolge eines solchen Trainings zum Tragen kommen. Weiterhin können unter Umständen nicht vorhergesehene Probleme mit den Pferden auftreten, schließlich handelt es sich dabei um Lebewesen, deren Reaktionen und Verhalten nicht immer exakt vorhersehbar sind.

5.3 Ausblick

Die Anzahl von Anbietern von Führungskräftetrainings mit Pferden ist in letzter Zeit stetig wachsend. In naher Zukunft wird immer mehr die Evaluierung solcher Trainings im Vordergrund stehen, um deren Wirkung auf Nachhaltigkeit zu überprüfen. Für die Evaluation bieten sich dabei verschiedene Verfahren an, die direkt auf die Messung von Kompetenzen abgestimmt und bereits in der Praxis erprobt sind, beispielsweise das Selbstkonzept beruflicher Kompetenz nach Bergmann (Vgl. Bergmann 2007, S. 194-223) oder Kompetenzrad und Kompetenzmatrix nach North (Vgl. North 2007, S. 175-186). Solche Verfahren sind meist auf die Mitarbeiter eines Unternehmens abgestimmt, können aber auch auf Führungskräfte übertragen werden (insbesondere auf Führungskräfte mittlerer Ebenen). Nachdem die Evaluierung mehrerer Trainings mit Pferden stattgefunden hat, wird es eine spannende Frage sein, ob der diesbezügliche Trend anhält oder abflaut.

Anhang

	Wirkungen	Beispiele	Faktoren
Physische/physiologische Wirkungen	**Reduzierung cardio-vaskulärer Risikofaktoren**	Senkung von Blutdruck und Atemfrequenz, Pulsregulierung, Kreislaufstabilisierung	Streicheln, Interaktion, reine Präsenz
	Biochemische Veränderungen und neuro-endokrinale Wirkungen	Schmerzverringerung, Beruhigung, Stabilisierung des Immunsystems	Vertraute Intervention, anregendes Lachen, Freude, Wechsel von Interesse, Spannung und Gelassenheit
	Muskuläre Entspannung	Muskelrelaxation, Atmungsregulierung, Entspannung von Gestik und Mimik, Schmerzablenkung, Reduktion von Medikamentenkonsum	Körperkontakt, Spiel, beruhigende Vertrautheit, Verhaltens-vorhersehbarkeit
	Verbesserung der Motorik	Generelle motorische Aktivierung, Bewegung an frischer Luft, Appetitanregung durch Bewegung, Muskulaturtraining, Verbesserung der Fein- und Grobmotorik, Gleichgewichtsregulierung	Spazieren gehen mit Hunden, Versorgen und Pflegen, Spiel, Reiten
	Verbesserung des Gesundheitsverhaltens	Anregung zu einer besseren Selbstverpflegung und Körperpflege, Reduzierung von Alkohol- und Nikotingenuss, Förderung von Regelmäßigkeit und Tagesstrukturierung	Versorge- und Pflegeleistung für das Tier
	Generelle Effekte	Förderung der Vitalfunktionen, Förderung der Genesung, der schnelleren Heilung und der Rehabilitation, Verbesserung der Krankheitsprävention, Verbesserung des Lebens mit chronischen Gesundheitsbeeinträchtigungen und Behinderungen	Blindenhunde, therapeutisches Reiten, Streicheln, reine Präsenz

	Wirkungen	Beispiele	Faktoren
psychische/psychologische Wirkungen	**Förderung emotionalen Wohlbefindens**	Akzeptiert werden, geliebt werden, Trost, Bestätigung, Zuwendung, spontane Zuneigung/ Begeisterung erleben	Schwanzwedeln des Hundes
	Förderung von positivem Selbstbild, Selbstwertgefühl, Selbstbewusstsein	Bewunderung erfahren, konstante Wertschätzung, Erfahrung von Autorität, Gefühl gebraucht zu werden, Verantwortungsgefühl	Konstante Versorgung des Tieres
	Förderung von Kontrolle über sich selbst und die Umwelt	Kontrollerfahrungen, Vermittlung von Bewältigungskompetenz und Kompetenzerfahrungen, Zutrauen, Sinngebung	Reiten (Kontrolle über den eigenen Körper und den eigenen Hilfestellungen)
	Förderung von Sicherheit und Selbstsicherheit/ Reduktion von Angst	Unbedingte Akzeptanz, konstante Zuneigung, „unkritische" Bewunderung erfahren („Aschenputteleffekt"),	Füttern, Nähe, Vertrautheit, Welt der Tiere erleben
	Psychologische Stress-reduktion, Beruhigung und Entspannung	Trost, Ablenkung, Aufwertung kleiner Freuden, Umbewertung von Ereignissen	Stressvermindernde Wirkung von bestimmten Tieren (z.B. schnurren)
	Psychologische Wirkungen sozialer Integration	Erfüllen von Bedürfnissen nach Zusammensein, Geborgenheit, Erfahrungen von Nähe, Nichtalleinsein	Tiere fordern Streicheleinheiten (z.B. „schmusen" der Katze)
	Regressions-, Projektions- und Entlastungsmöglichkeiten	Offener emotionaler Ausdruck, Interaktion, Identifikations- und Projektionsfolie	Stilles Zuhören
	Antidepressive/ antisuizidale Wirkung	Vertrautheit, sicherer Halt, emotionale Zuwendung, Umbewertung von Belastung, Förderung von Aktivität und Verantwortung	Lebendigkeit, Spontanität, Spaß
	Förderung mentaler Leistungen und Kompetenzen	Stimulation der Sinne, Anregungen zum Lernen (z.B. über Tierpflege), Modelllernen (z.B. der Tierversorgung durch Eltern), Erhöhung von selektiver und gezielter Aufmerksamkeit, Beobachten, Fokussieren, Steigerung von Reaktionsvermögen, Förderung nonverbaler und verbaler Ausdruckskompetenz, Übung von Planungs- und Entscheidungsprozessen	Fühlen, Hören, Riechen des Tieres, Tierpflege, Spiele mit Tieren, Umgang mit Tieren

	Wirkungen	Beispiele	Faktoren
Soziale Wirkungen	**Aufhebung von Einsamkeit und Isolation**	Im Tierkontakt selbst, als Förderung und Herstellung von Kontakten (sozialer Katalysator/ Eisbrecher),	Tiere als Eisbrecher beim zufälligen Treffen beim spazieren gehen, Gesprächsstoff über Tiere
	Nähe, Intimität, Körperkontakt	Leben, spüren und fühlen	Streicheln, schnurren erleben
	Streitschlichtung, Familienzusammenhalt und Eherettung	Vermittlung von Zusammengehörigkeit, Reduktion von Aggression, Förderung von Altruismus und Kooperation	Gemeinsame Verantwortung für ein Tier, Ablenkung
	Steigerung von Vertrauen	Förderung von Offenheit, Kontakt- und Interaktionsbereitschaft, Verbesserung der Ansprechbarkeit	Teilen von Gemeinsamkeiten (z.B. Kontakt zu anderen Menschen bei Ausführen von Hunden)
	Förderung von Empathie	Verbesserung der Einfühlung in andere, Steigerung von Verantwortungsgefühl für andere, Steigerung von Respekt für Umwelt und Natur	Respektvoller Umgang mit dem eigenen Tier
	Vermittlung von positiver sozialer Attribution	Sympathie, Offenheit, Unverkrampftheit, Ehrlichkeit, Attraktivität	Sozialer Status assoziiert mit dem Tier
	Verbesserung der Interaktionsatmosphären	Förderung des sozialen Klimas auf Stationen, in Kliniken und in Schulklassen, Förderung der kooperativen Interaktion und Reduzierung von Aggressivität und Hyperaktivität	leichterer Zugang zu den Klienten, Tiere bieten sich als leichte Kommunikations-partner an

Literaturverzeichnis

Bastians, F./ Kluge, S. (1998). Diagnose sozialer Kompetenzen. Entwicklung eines multimedialen Diagnosesystems zur Erfassung sozialer Kompetenzen. Online: [http://www.psycho.uni-osnabrück.de/~runde/dsp/sk.htm], Abruf: 11.12.2007.

Becker, M. (2005). Personalentwicklung. Bildung, Förderung und Organisationsentwicklung in Theorie und Praxis, 4. Aufl., Stuttgart: Schäffer-Poeschel.

Bergmann, B. (2007). Selbstkonzept beruflicher Kompetenz. In: Erpenbeck, J./ Rosenstiel, L.v. (Hrsg.), Handbuch Kompetenzentwicklung. Erkennen, verstehen und bewerten von Kompetenzen in der betrieblichen, pädagogischen und psychologischen Praxis, 2. Aufl., (S. 194-223), Stuttgart: Schäffer-Poeschel.

Bergmann, G. (o.J.) 8 mal Kompetenz. Thesen zu Kompetenz, Kompetenzentwicklung und Metakompetenz, Vortragsmanuskript zur Tagung Metakompetenz an der Uni Siegen. Online: [www.econbiz.de/archiv/si/uis/marketing/8_mal_kompetenz.pdf], Abruf 11.12.2007.

Bergmann, G./ Daub, J./ Meurer, G. (2006). Metakompetenz und Weiterentwicklung. QUEM-report, Schriften zur beruflichen Weiterbildung, Heft 95/ Teil II, Berlin: Arbeitsgemeinschaft betriebliche Weiterbildungsforschung e.V.

Bittelmeyer, A. (2006). Was lernt der Boss vom Ross? Führungskräftetrainings mit Pferden. Zeitschrift managerSeminare, Heft 102, S. 54-59.

Dude, E. (2002).Die heilende Kraft der Delphine. Therapie mit Kindern. Woldert: Smaragd.

Erpenbeck, J./ Heyse V. (2007). Die Kompetenzbiographie. Wege zur Kompetenzentwicklung. 2.Aufl., Münster, New York, München, Berlin: Waxmann.

Erpenbeck, J./ Rosenstiel, L.v. (2007). Einführung. In: Erpenbeck, J./ Rosenstiel, L.v. (Hrsg.), Handbuch Kompetenzentwicklung. Erkennen, verstehen und bewerten von Kompetenzen in der betrieblichen, pädagogischen und psychologischen Praxis, 2. Aufl., (S. XVII-XLVI), Stuttgart: Schäffer-Poeschel.

Fengler, J. (2004). Feedback geben. Strategien und Übungen. 3. Aufl. Weinheim und Basel: Beltz.

Frömming, H. (2006). Die Mensch-Tier-Beziehung. Theorie und Praxis tiergestützter Pädagogik. Saarbrücken: VDM Verlag Dr. Müller.

Förster, A. (2005). Tiere als Therapie-Mythos oder Wahrheit? Zur Phänomenologie einer heilenden Beziehung zwischen dem Schwerpunkt Mensch und Pferd. Stuttgart: ibidem.

Geitner, M. (2004). Be strict-Denken wie ein Pferd. Richtig ausbilden. Konsequent korrigieren. 5.Aufl. Cham: Müller Rüschlikon.

Gessler, M. (2006). Das Kompetenzmodell. In: Bröckermann, R./ Müller-Vorbrüggen, M. (Hrsg.), Handbuch Personalentwicklung. Die Praxis der Personalbildung, Personalförderung und Arbeitsstrukturierung, (S. 26-41), Stuttgart: Schäffer-Poeschel.

Goldstein, E. B. (2002). Wahrnehmungspsychologie. 2. dt. Aufl. Heidelberg/ Berlin: Spektrum Akademischer Verlag GmbH.

Greiffenhagen, S. /Buck-Werner, O.N. (2007). Tiere als Therapie. Neue Wege in Erziehung und Heilung. Mürlenbach: Kynos.

Gries, S. (2004). Kompetenzentwicklung Live. Erlebnis Lernen und das Feedback der Pferde. Landau: Empirische Pädagogik.

Heß, T./ Roth, W.L. (2001). Professionelles Coaching. Eine Expertenbefragung zur Qualitätseinschätzung und -entwicklung. Heidelberg: Asanger.

Heckmair, B./ Michl, W. (1994). Erleben und Lernen. Einstieg in die Erlebnispädagogik. Aufl. Neuwied: Luchterhand.

Hendrich, F. (2003). Horse Sense. Oder wie Alexander der Große erst ein Pferd und dann ein Weltreich eroberte. Drei Schritte zum Charisma der Führung. Wien: Signum Wirtschaftsverlag.

Jung, H. (2005). Personalwirtschaft. 6. Aufl. München, Wien: Oldenbourg.

Kuhnert, K. (2004). Delphintherapie-Beweis eines Wunders. Über die Heilkraft der Delphine. Kreuzlingen/München: Heinrich Hugendubel.

Kröger, I./ Uhl-Kutsch, Ch. (2003). Reiten im Einklang mit mir selbst. Stuttgart: Franckh-Kosmos.

Mentzel, W. (2005). Personalentwicklung. Erfolgreich motivieren, fördern und weiterbilden. 2. Aufl. München: dtv.

North, K. (2007). Kompetenzrad und Kompetenzmatrix. In: Erpenbeck, J./ Rosenstiel, L.v. (Hrsg.), Handbuch Kompetenzentwicklung. Erkennen, verstehen und bewerten von Kompetenzen in der betrieblichen, pädagogischen und psychologischen Praxis, 2. Aufl., (S. 175-186), Stuttgart: Schäffer-Poeschel.

Olbrich, E. / Jonas, I. (1999). Ein Plädoyer für die Tierhaltung in Alten- und Pflegeheimen. Argumente, Informationen, Beispiele, Tips. Köln: Kuratorium Deutsche Altershilfe. Online [http://www.mensch-heimtier.de/content/img/KDABroschuere.pdf], Abruf: 20.10.2007.

Osterhammel, B. (2006). Pferdeflüstern für Manager. Mitarbeiterführung tierisch einfach. 2. Aufl., Weinheim: Wiley-VCH Verlag GmbH.

Picot, A./ Dietl, H./ Franck, E. (2002). Organisation. Eine ökonomische Perspektive. 3. Aufl., Stuttgart: Schäffer-Poeschel.

Radatz, S. (2006). Einführung in das systematische Coaching. Heidelberg: Carl-Auer-Systeme.

Regnet, E. (2003a). Der Weg in die Zukunft – Anforderungen an die Führungskraft. In: Rosenstiel, L. v./ Regnet, E./ Domsch, M. (Hrsg.), Führung von Mitarbeitern, 5. Aufl., (S. 51-66), Stuttgart: Schäffer-Poeschel.

Regnet, E. (2003b). Kommunikation als Führungsaufgabe. In: Rosenstiel, L. v./ Regnet, E./ Domsch, M. (Hrsg.), Führung von Mitarbeitern, 5. Aufl., (S. 243-252), Stuttgart: Schäffer-Poeschel.

Roberts, M.(2002). Das Wissen der Pferde und was wir Menschen von ihnen lernen können. Bergisch Gladbach: Verlagsgruppe Lübbe.

Roberts, M. (2006). Pferde meines Lebens. Erinnerungen des bekanntesten Pferdeflüsterers der Welt. Bergisch Gladbach: Verlagsgruppe Lübbe.

Rosenstiel, L. v. (2003). Entwicklung und Training von Führungskräften. In: Rosenstiel, L. v./ Regnet, E./ Domsch, M. (Hrsg.), Führung von Mitarbeitern, 5. Aufl., (S. 67-83), Stuttgart: Schäffer-Poeschel.

Rückle, H./ Mutafoff, A./ Riekehof, R. (1994). Personalentwicklung. Werte- und zielorientierte Auswahl und Förderung von Mitarbeitern. Düsseldorf, Wien, New York, Moskau: Econ.

Strasmann, J.. (2006). Outdoor Training, insbesondere Teambildung, Teamentwicklung und Kommunikation. In: Bröckermann, R./ Müller-Vorbrüggen, M. (Hrsg.), Handbuch Personalentwicklung. Die Praxis der Personalbildung, Personalförderung und Arbeitsstrukturierung, (S. 341-350), Stuttgart: Schäffer-Poeschel.

Schwaiger, S. E. (2008). Das Pegasus-Projekt. Beruf, Berufung, Ausbildung und persönliche Weiterbildung. Online [http://www.das-pegasus-projekt.com/attachments/ausbildungsbrosch _re_2008_-_download_857.pdf], Abruf 02.01.2008.

Simon, P./ Donaubauer, A. (2007). SYNPRO-FAI. Führungs-Analyse-Instrument. In: Erpenbeck, J./ Rosenstiel, L.v. (Hrsg.), Handbuch Kompetenzentwicklung. Erkennen, verstehen und bewerten von Kompetenzen in der betrieblichen, pädagogischen und psychologischen Praxis, 2. Aufl., (S. 274-285), Stuttgart: Schäffer-Poeschel.

Terhaar, T. (2007). Wen Status keine Rolle spielt: die Instinkte der Pferde für die eigene Weiterentwicklung nutzen. Zeitschrift Wirtschaftspsychologie aktuell, Heft 1/2007, S. 60.

Truckenbrodt, N./ Fiegler, J. (2004). Von Pferden lernen. Wie der Umgang mit Pferden die Persönlichkeit entwickelt. München: BLV Verlagsgesellschaft mbH.

Vernooij, M. A./ Schneider, S. (2008). Handbuch der tiergestützten Interventionen. Grundlagen, Konzepte, Praxisfelder. Wiebelsheim: Quelle & Meyer.

Vössing, H. (2005). NLP in der Coaching-Praxis. Ein Praxisorientiertes Arbeitsbuch für Coaches. Paderborn: Junfermann.

Watzlawick, P./ Beavin J.H./ Jackson, D.D. (2003). Menschliche Kommunikation. Formen, Störungen, Pradoxien. Bern, Göttingen, Toronto, Seattle: Hans Huber.

Weinert, A. (1989). Führung und soziale Steuerung. In: Roth, E. (Hrsg.). Organisationspsychologie, Enzyklopädie der Psychologie. Bd. 3, S. 552-577. Göttingen: Hogrefe.

Weinert, F. E. (2001). Vergleichende Leistungsmessung in Schulen – eine umstrittene Selbstverständlichkeit. In: Weinert, F. E. (Hrsg.). Leistungsmessungen in Schulen. Weinheim: Beltz-Verlag.

Wolter, B. (2005). „Resilienzforschung" – Das Geheimnis der inneren Stärke. Zeitschrift Systhema, Heft 03/2005 19. Jahrgang, S. 299 – 304, Online: [http://www.if-weinheim.de/download/Systhema_pdfs/Sys_2005/3_2005/Sys_3_2005_Wolter.pdf] Abruf: 09.01.2008.

Zimbardo, P./ Gerring, R. (2004). Psychologie. 16.Aufl. München: Person Studium.

Therapeutisches Reiten, Erlenweiherhof. Therapeutisches Reiten- ein ganzheitliches Konzept. Online: [http://www.erlenweiherhof.de/download/Therapeutisches%20Reiten%20-%20ein%20ganzheitliches%20Konzept.pdf], Abruf: 01.11.2007.

Internetquellen

O.V. Begriffsdefinition Kompetenz. [http://www.duden-suche.de/suche/trefferliste.php] Abruf: 15.10.2007.

http://www.andreakutschakademie.de; Abruf: 30.12.2007

http://www.bestrict.de; Abruf: 22.01.2007

http://www.deltasoceity.org; Abruf: 23.11.2007

http://www.dolphinhumantherapy.com; Abruf: 30.11.2007

http://www.kda.de/german/showarticles.php?id_art=276, Abruf: 23.11.2007

http://www.horsedream.de; Abruf: 25.01.2008

http://www.iahaio.org; Abruf: 23.11.2007

http://www.iemt.ch; Abruf: 23.11.2007

http://www.mensch-heimtier.de; Abruf: 23.11.2007

http://www.mensch-tier-kongress-2007.de; Abruf: 23.11.2007

http://www.mut-ev.org; Abruf: 23.11.2007

http://www.montyroberts.com; Abruf: 20.01.2008

http://www.scas.org.uk; Abruf: 23.11.2007

http://www.thmev.de; Abruf: 23.11.2007

http://www.mensch-heimtier.de; Abruf: 30.11.2007